人脸微表情识别技术

识别技术

在人工环境评价中的应用

胡松涛 孙 洁 杨 斌 著

中国建筑工业出版社

图书在版编目（CIP）数据

人脸微表情识别技术在人工环境评价中的应用 / 胡松涛，孙洁，杨斌著 . —北京：中国建筑工业出版社，2023.10（2024.11 重印）
ISBN 978-7-112-29100-7

Ⅰ.①人…　Ⅱ.①胡…　②孙…　③杨…　Ⅲ.①面—图像识别—研究　Ⅳ.①TP391.413

中国国家版本馆 CIP 数据核字（2023）第 168225 号

责任编辑：毕凤鸣　齐庆梅
责任校对：刘梦然
校对整理：张辰双

人脸微表情识别技术在人工环境评价中的应用

胡松涛　孙　洁　杨　斌　著

*

中国建筑工业出版社出版、发行（北京海淀三里河路9号）
各地新华书店、建筑书店经销
华之逸品书装设计制版
北京中科印刷有限公司印刷

*

开本：880 毫米×1230 毫米　1/32　印张：6　字数：139 千字
2024 年 1 月第一版　2024 年 11 月第二次印刷
定价：36.00 元
ISBN 978-7-112-29100-7
（41830）

序

随着人民生活水平的提高，人们对环境特别是室内环境的要求日益增高，舒适的室内环境有助于身体健康，能够提高工作和学习效率。为改善建筑环境营造质量，需实时了解室内人员对室内环境的满意度，并随之提供符合室内人员需求的服务。但现有的传统评价方法不能做到实时、非接触式评价，很难在实际生活和工作场景中得到广泛应用。

人工智能是使用计算机模拟人某些思维过程和智能行为的学科，20世纪70年代以来，人工智能与空间技术和能源技术并称为世界三大高端技术之一，也被认为是21世纪三大尖端技术（基因工程、纳米科学、人工智能）之一。近三十年来，人工智能技术获得了迅速的发展，几乎在各个科学领域都得到了广泛应用，并取得了丰硕的成果。

本书将人工智能算法与建筑环境控制进行了学科交叉和结合，将人脸微表情识别引入室内环境舒适性评价领域。本书探究了面部微表情与热环境和声环境下人体舒适度的相关性，利用人工智能领域的深度学习算法完成了不同热环境和声环境中人脸表情细微变化的捕捉与识别，实现通过人脸微表情的识别进行室内热环境和声环境舒适性的实时评价。这项工作所获得的经验与成果对于未来教室、住宅和办公室等常见建筑环境的舒适度评价研究与应用具有很好的参考价值。

本书内容为建筑环境、人工智能和模式识别多学科交叉的探索性内容，利用人工智能和大数据优势来解决建筑环境领域问题，切入角度新颖，顺应了建筑环境评价方法实时和无接触式要求和发展方向。因此该研究具有一定的前瞻性，为建筑环境评价方法提供了一个新思路。

未来人工智能将渗透到人类生活和工作的各个方面，如何利用人工智能，充分发挥人工智能优势，营造能够满足个体舒适度需求的建筑环境是一个很有意义的课题，值得进一步探索和研究。本书所介绍的研究工作就是一个很好的前沿探索，值得本领域相关的研究人员阅读了解。

清华大学

2023.10.1

前言

　　近几十年国民经济迅猛发展，人们越来越关注生活环境的品质和健康。人的一生有90%左右时间在室内度过，营造实时舒适的室内环境尤为重要。目前，室内环境舒适性评价主要依赖于主观调查问卷，缺少生理参数支持，即使采用生理参数作为评价指标，其测量方法往往需要与人体直接接触，或者专业的测量仪器布点困难，不便捷，常用于实验室研究中，很难在实际生活场景得到广泛应用。实时、非接触式的室内环境舒适性评价方法是未来的发展趋势。国内外研究表明，人员在不同舒适度的室内环境会产生不同情绪，面部表情可以反映人员情绪状态，因此本书提出通过识别不同热环境和声环境下人脸面部微表情进行环境舒适性评价。

　　室内环境由热、声、光等因素组成，考虑到大多数室内有自然光，人工光环境基本稳定，热、声变化对人的舒适度影响较大，因此本书着重对基于面部微表情识别的热、声环境舒适性评价方法进行研究，主要内容如下：

　　（1）定性和定量研究面部微表情与热、声环境舒适的相关性。首先，从生理学和心理学角度，对面部微表情与热、声环境舒适的相关性展开定性研究；然后，将面部划分为5个运动单元，提取运动单元的环形对称Gabor特征；最后通过对不同热、声环境中各运动单元环形对称Gabor特征的辨识，进行面部微表情与热、声环境舒适相关性的定量研究。结果表明不同热、声环境中，面部微表情会发生变化，且主要集中在眼睛和嘴巴区域；越偏离中性环境，面部微表情特征变化量越大。

（2）构建热、声环境下的面部微表情数据库FMETE（Facial Micro-Expression data based on Thermoacoustic Environment）。在气候室环境、教室自然环境和办公室环境中，采集了305人次，累计时长4321分钟的人脸微表情视频数据，对视频数据进行图像提取、背景剔除、人脸验证和位置校准等预处理，得到34460幅微表情图像，构建了热、声环境下的面部微表情数据库。

（3）搭建了基于组合网络微表情识别的热、声环境舒适性评价模型MERCNN（Micro-Expression Recognition Model Based Convolutional Neural Network）。卷积神经网络CNN（Convolutional Neural Network）不仅可以提取图像浅层特征还可以提图像深层语义信息，因此本书基于CNN设计实现了MERCNN模型。考虑到实际热、声环境中采集到的表情变化幅度不大、难以区别的特点，在模型中设计了视觉特征和面部51个特征点位置、2个特征提取模块。分别用气候室环境、教室自然环境和办公室环境中微表情数据，以主观问卷为基准验证模型性能，环境舒适性评价的准确率分别为98.53%、90.32%和95.71%，证明了提出的MERCNN可以通过对人脸微表情识别有效地评价热、声环境状态的舒适性。

（4）设计热、声环境舒适性智能评价系统。该系统提供微表情视频、微表情图像和实时数据接口，具备图像质量自动检测、闭眼和非正面图像自动筛选功能，监测结果可实时显示。基于构建数据集的实验表明该智能评价系统识别微表情图像速度为0.478s/幅，评价热、声环境舒适性的准确率为96.85%（以主观调查问卷为基准）；基于30人累计100分钟实时数据的实验表明，智能评价系统可以实时、有效地监测环境状态的舒适性，准确率为93.34%。为进一步验证智能评价系统是否能够实时监测环境状态舒适性的改变，搭建了舒适性变化的热、声环境，实验结果表明该智能评价系统可以对热、声环境状态舒适性变化实时监测。

由于可见光人脸微表情识别可能会涉及隐私问题，此外我们也在思考除了提取不同室内环境下人脸微表情，是否还可以从人脸中提取其他能够反映人类舒适度的特征？基于以上问题和思考，下一步我们计划基于红外图像进行不同室内环境下人脸表情和皮肤温度变化的研究。

本书内容是建筑环境与人工智能交叉学科的探索性内容，会存在一些不足之处，拙笔未能如愿，甚至有不妥之处在所难免。诚恳希望诸位专家、同仁和广大读者批评指正。

本书在撰写过程中得到了清华大学朱颖心教授的热情关心、支持与帮助，在此表示衷心的感谢。

孙浩 杨斌

2023.7.6

目录

001 | **第1章　绪论**

　　1.环境影响情绪 ················· 004

　　2.情绪是可以被观察到的 ·············· 004

　　3.舒适度评价方法 ················ 005

　　4.生理参数采集方式 ··············· 008

　　5.通过面部表情评价情绪状态 ············ 009

　　6.本书主要内容 ················· 014

019 | **第2章　面部微表情与热、声环境舒适的相关性**

　　第1节　热、声环境舒适度与面部微表情相关性的

　　　　　心理、生理学分析 ············· 021

　　1.热、声环境舒适性对情绪的影响 ·········· 021

　　2.面部表情与情绪的关系 ············· 023

　　3.热、声环境与面部表情的关系 ··········· 025

　　第2节　面部微表情与热、声环境舒适度相关性的

　　　　　初步实验研究 ·············· 026

　　1.伦理道德声明 ················· 027

　　2.实验概况 ··················· 027

　　3.调查问卷 ··················· 031

　　　　4.表情视频数据处理 ················· 031

　　　　5.不同热、声环境中面部微表情分析 ········ 041

　　第3节　面部运动单元的划分 ··············· 044

　　　　1.不同热、声环境中面部特征点的位置

　　　　　分析 ·························· 044

　　　　2.基于特征点的面部运动单元划分 ········· 045

　　　　3.面部运动单元特征的获取 ············· 047

　　　　4.基于主成分分析的特征降维 ··········· 051

　　　　5.热、声环境中面部运动单元的特征变化量

　　　　　辨识 ·························· 051

　　第4节　本章小结 ····················· 064

067 │ 第3章　热、声环境下面部微表情数据库的建立

　　　　1.气候室环境面部微表情数据采集 ········· 069

　　　　2.教室自然环境面部微表情数据采集 ········ 069

　　　　3.办公室环境面部微表情数据采集 ········· 073

　　　　4.热、声环境下面部微表情数据库的建立 ···· 074

　　　　5.本章小结 ······················ 076

077 │ 第4章　基于组合网络微表情识别的热、声环境

　　　　　舒适性评价模型构建

　　第1节　模型实现软硬件环境及舒适性指数定义 ······· 079

　　　　1.模型实现软硬件环境 ··············· 079

　　　　2.舒适性指数的定义 ················ 079

第2节　基于组合网络微表情识别的热、声环境
　　　　舒适度评价模型构建 ················· 081
　　　1.视觉特征提取模块 ················· 083
　　　2.特征点位置特征提取模块 ··········· 089
第3节　模型性能测试及结果分析 ·············· 093
　　　1.MERCNN模型和主观问卷评价结果的
　　　　不舒适百分比 ····················· 094
　　　2.模型评价指标 ····················· 094
　　　3.气候室环境中面部微表情的模型性能
　　　　测试 ····························· 096
　　　4.基于教室自然环境面部微表情的模型性能
　　　　测试 ····························· 108
　　　5.基于办公室环境面部微表情的模型性能
　　　　测试 ····························· 113
　　　6.视觉特征、位置特征识别模块和组合网络
　　　　性能对比 ························· 120
第4节　本章小结 ··························· 123

125 ｜ 第5章　热、声环境舒适性智能评价系统及应用
第1节　系统设计 ··························· 127
　　　1.平台搭建的软硬件环境 ············· 128
　　　2.表情数据自动清洗功能 ············· 129
第2节　舒适性智能评价系统演示及结果分析 ····· 135
　　　1.系统界面 ······················· 135
　　　2.舒适性智能评价系统性能分析 ······· 136

第3节 基于微表情识别的热、声环境舒适性智能

评价系统应用 ⋯⋯⋯⋯⋯⋯⋯⋯⋯⋯ 142

1.应用概况 ⋯⋯⋯⋯⋯⋯⋯⋯⋯⋯⋯ 142

2.应用结果分析 ⋯⋯⋯⋯⋯⋯⋯⋯⋯ 144

第4节 本章小结 ⋯⋯⋯⋯⋯⋯⋯⋯⋯⋯⋯⋯ 147

149 | 第6章 总结与展望

153 | 参考文献

第1章

绪　论

随着社会经济发展与人民生活水平的提高，人们对室内环境舒适度的要求也越来越高。室内环境的舒适性不仅与人体健康息息相关，而且显著影响室内人员的工作和学习效率。因此，创造舒适良好的室内环境至关重要。

营造舒适环境的前提是清楚人体在不同环境下的舒适水平，这依赖于可靠的舒适度评价手段。起初，舒适度的评价主要依靠主观评价法，该方法虽可直接获取人体舒适性水平，但结果缺乏客观性，且无法做到实时评价。近年来，出现了由主观评价向客观评价、主客观评价相结合等方式的转变，基于生理参数、数学模型、动作识别的舒适度评价方法如雨后春笋般涌现。虽然以上方法一定程度上克服了主观评价的局限性，但由于采集生理参数时使用接触式传感器的不便性、生理参数在表达舒适度上的滞后性、数学模型适用范围的局限性、动作产生的复杂性等，无法从真正意义上实时获取精准的舒适性水平。因此，探索一种适用范围广、客观、实时、非接触式追踪人体舒适性水平的方法迫在眉睫。

何为舒适度？舒适度[1]是人体在不同的外界条件下，皮肤、眼、耳朵等器官因受环境刺激而产生不同的感觉，经神经系统统合后形成总体感觉的适宜或不适宜程度。人体舒适度研究涉及生理学和心理学，其中生理方面主要涉及人体生理参数的变化如心率变异性[2]和脑电波[3, 4]等，心理方面则主要体现在情绪[5]表达上。

1.环境影响情绪

情绪是机体在对自身需要有一定预期的基础上，对客观刺激能否满足自身需要所作出的认知评价，由这种认知评价而引起的生理、心理和行为上的功能性反应，既可以被感知，也可以被测量[6]。美国心理学家William James认为生理变化引起的内导冲动，传到大脑皮层引起的感觉就是情绪[7]，而客观刺激是引起生理变化的原因，因此不同流派的心理学家均赞同客观刺激是情绪发生的前提条件，没有外界刺激也就无所谓情绪的产生[8, 9]。这些客观刺激被称为压力源，包括心理压力源和生理压力源[10]。建筑室内环境由热环境、声环境、光环境、空气质量和气味等组成[11, 12]，这些均属于生理压力源。当人体处于以上压力源时，机体会判断当前环境是否满足自身需求，继而作出不同的认知评价。舒适的环境满足机体对环境的需求，机体作出正面的认知评价，产生积极情绪；反之，作出负面评价，产生消极情绪。很多学者就室内（涉及住宅、教室、办公室等）热环境、声环境、光环境等对人情绪的影响做了大量研究，并得到一致的结论：舒适的室内环境使人放松[13]、开心[14]、愉悦[15]，不舒适的室内环境使人沮丧[16]、焦虑[17]、烦躁[18]。

2.情绪是可以被观察到的

既有研究还发现，情绪可通过"生理信号"如脑电图（Electroencephalogram，EEG）[19]、皮肤电反应（Galvanic skin response，GSR）[20]、心电图（Electrocardiogram，ECG）[21]、肌电图（Electromyogram，EMG）[22]、皮肤温度[23]、心率[24]的测量来

判别，也可以通过对"非生理信号"如面部表情[25]、声音[26]、身体姿势[27]、文本等[28]识别。在所有"生理"和"非生理"信号中，面部表情是人情绪表达最直接、明显的方式，是识别情绪状态的有效显示器[29]。通过面部表情识别并判定情绪状态已经广泛应用于远程医疗[30~33]、自闭症关照[34~36]、抑郁症识别[37, 38]、疲劳驾驶检测[39, 40]、课堂状态检测[41, 42]、测谎[43, 44]等领域，并取得了良好的效果。早在19世纪，法国神经病学家Duchenne发现，电刺激面部肌肉会使面部肌肉收缩，从而产生特定的表情。Darwin在《人与动物的表情表达》一书中认为人类表情是先天的、普遍的和进化的[45]，相比于其他方式，表情表达更具自然化、情绪化和感染化。

3. 舒适度评价方法

　　环境舒适性是人们基于身体与环境交互产生的主观感觉，实时、准确的环境舒适性评价是调节环境舒适性的重要依据[48, 49]。目前，舒适度评价方法或模型大致可以分为：主观评价方法、基于人体热生理模型的客观评价方法、基于数学模型的评价方法和基于动作识别的评价方法。

　　主观评价方法是通过调查问卷直接获取人员对环境舒适性的感觉，要求人们按照某种等级标度来描述机体舒适度。目前，最广泛使用的标度是贝氏和ASHRAE标度。贝氏标度由英国人Thomas Bedford[50]于1936年提出，1966年ASHRAE[51]开始使用七级热感觉标度。在此基础上，各类研究根据实际情况设置调查问卷。虽然可以通过调查问卷可以直接获取人们舒适度水平[52, 53]，但需要人们暂时停止正常生活和工作，因此很难做到对舒适度的实时反馈。

基于人体热生理模型的客观评价方法则考虑人体的生理调节机制，从热生理方面构建人体热调节模型。Fanger教授1970年提出了Predicted Mean Vote（PMV）模型，但该模型针对均匀、稳态的室内环境，不适用于非均匀和非稳态环境[54, 55]。除了PMV模型外，两节点和多节点模型也得到了广泛应用。Gagga[56]提出了两节点模型，将人体表面视为一个整体，但该模型只适用于均匀环境。Zolfaghari和Maerefat[57]对两节点模型进行了改进，加入了生物学方程。Kaynakli[58]和Kilic[59]以及Foda和Sirén[60]将身体分段从二段发展到多段，乃至多节点模型出现[61, 62]。Lin等[63]在Fanger舒适模型基础上，提出了改进的热舒适评价模型，该模型中使用热舒适投票（Thermal Comfort Vote，TCV）和热感觉投票（Thermal Sensation Vote，TSV）作为模型输出。Pan[64]在两节点模型基础上，提出了四节点模型，该模型以皮肤温度和核心温度为输出，相比TCV和TSV更加客观、准确。随着研究的深入，多层多节点模型相继出现。Charlie[65]将人体模型划分为头、胸、肩、臂等16个部分。随着模型节点的增多，数据处理量和复杂程度增加，此外物理模拟和模型输入的准确性，都使得该类方法在使用过程中存在一定的局限性[66]。

基于数学模型的评价方法主要通过采集环境参数（空气温度、平均辐射温度、相对湿度、空气流速、声压级等）和生理参数（核心温度[67]、皮肤温度[68]、心率[69]、肌电[70]、新陈代谢率[70]和EEG[71~74]），建立舒适性评价数学模型，进而对环境舒适性进行评价。Cao等[75]提出的预测评价模型，采用最小二乘法拟合得到总体满意度。张甫仁等[76]引入了可拓学理论，建立了室内环境评价物元模型，给出了基于关联函数的可拓评价方法。阮秀英等[77]引入模糊数学理论，确定隶属函数评价矩阵，利用多级模糊变换方法对室内环境进行综合评价。Zhao等[78]提出了一种数据驱动的预测方法，该方法将个性因素与人体热平衡的广义模型结合，通过最小二乘法，基于舒适投票动态计算模型系数。Choi[79]与Chaudhu[80]利用皮肤温度和心率两种生理参数，预测人们对不同环境热反应。Song等[81]基于人体热平衡原理，提出了部分热感觉整体不满意百分比模型，该模型将独立的局部热感觉，集成到热环境评估的综合指数中。Takada[82]基于皮肤温度，提出了一种预测非稳态热感觉的模型，该模型是皮肤温度及其时间差的函数，可以很好地预测非稳态热感觉。Tejedor等[83]提出了一个利用定性和定量红外成像技术，确定室内热舒适性的模型。该模型通过红外摄像机测量鼻子、前额、颧骨、下巴的平均温度及服装温度，提出了达到热中性时皮肤温度、服装温度和操作温度等参数的范围。

随着计算机技术的发展，一些基于灰色理论、聚类、图像处理和神经网络的评价模型出现。Liu等[84]提出了一种基于BP神经网络的个体热舒适评价模型。Megri和Naqa[85]使用了一种优化的支持向量机和非线性核函数，对热舒适进行估计。Afroz等[86]利用非线性回归网络，进行了室内温度预测。Ghahramani等[87]提出了一种用于量化个性化热舒适的自适应随机建模方法，该方法将舒适性目标转化为约束条件，在贝叶斯网络上训练用于舒适因子的贝叶斯最优分类器，从而进行热偏好检测。Lee等[88]使用新的贝叶斯分类和推理算法，构建一种映射个体用户热偏好和室内环境变量个性化偏好模型，实现了基于偏好的控制系统。

基于动作识别的评价方法是指人们对环境舒适度在行为动作上的体现。人体感觉寒冷时，血管收缩身体散热面积减小，骨骼肌战栗，出现上臂交叉、身体蜷缩等动作，当人体感觉到热时，血管扩张，会出现扇风和擦拭汗液的动作[89]。Meier使用Kinect观察并定义了四种与热不舒适有关的姿势[90]。OpenPose[91~93]人体姿态识别项目是美国卡纳基梅隆大学基于卷积神经网络和监督学习，并以caffee为框架开发的开源库，它可实现人体动作、手指运动、面部表情等姿态估计，适用于单人和多人，具有极好的鲁棒性。Yang等[94]基于OpenPose提出了一种基于非接触评价人体热不舒适的新方法。该方法在温度可调节的室内环境中，通过数码相机拍摄用户的姿势图像，提取相应的二维坐标，将姿势转换成骨骼结构，根据调查问卷定义了擦汗、挠头、挽袖子等12种与热不舒适环境相关的动作，通过对12种动作识别对环境热舒适情况进行评价。

综合来看，直接的主观评价方法虽然可以直接获得人们对舒适度的评价，但需要频繁填写调查问卷，不能满足实时性需求；基于人体热生理模型的客观评价一般适用于稳定环境；基于数学模型的评价方法，有时需要采用接触式的测量手段，采集人体生理参数，且生理参数变化滞后于人体感觉。因此，一种非接触、实时的评价方法是舒适度评价方法的发展趋势。

4. 生理参数采集方式

在早些研究中，生理参数的采集多采用接触式传感器[95, 96]，即直接在人体表面布置传感器，或者吞服特殊设备，其带来的异物感让受试者难以接受，有时还会干扰人体的实际动作和体态。

该方法更适用于实验室环境，在现实生活中推广性不强，特别是在疫情期间，大部分人不愿意接受接触式采集。为便捷地采集人体实际状态下的生理参数，减少异物感，半接触式采集方法不断涌现[97]。很多穿戴式测试设备相继出现，如测温眼镜[98]、测温手环[99]、智能腕套[100]和智能手表[101]等，虽然这些便携式设备，在一定程度上能够缓解接触式测量方法带来的异物感，但设备费用较高。伴随着人工智能、视频和图像处理技术的发展，一些Euler视频放大技术[103]和基于热成像技术[104]的非接触式方法相继出现，可以通过图像、视频处理技术无接触地得到人体的生理参数。Cheng等[105]首先提出使用手机和计算机摄像头非接触测量皮肤温度的方法。Jazizadeh等[106]使用摄像头和RGB视频图像技术，连续捕捉头部和面部皮肤温度，检测血流中的细微变化从而预测人体温度。Metzmacher等[107]提出了红外图像识别和传感器相融合的方法，实时获取皮肤温度并进行分析。Wang等[108]均使用红外成像技术非接触式采集面部、胳膊等裸露皮肤温度。Jung等[109]研究了用非接触式多普勒雷达传感系统，识别受试者的肺部活动。

5.通过面部表情评价情绪状态

室内环境影响人体舒适水平和情绪，而面部表情是情绪表达的主要途径和方式，但时至今日，人们就建筑室内环境对人情绪影响研究的着重点放在情绪本身，对人脸微表情影响的研究至今未见报道，而该研究不仅可从心理学层面剖析不同环境下人体脸部的微小变化，同时也对营造舒适的环境极为重要。目前，基于面部表情的情绪识别方法大体可以分为：基于几何特征、基于表观特征和基于深度学习网络的三大类表情识别方法。

　　基于几何特征的表情识别方法主要对人脸眼睛、鼻子、额头、嘴巴等区域进行定位，然后通过测量各部位距离或形状建立模型。高文等[110]通过对表情的分析，建立了基于部件分解的人脸模型，并用欧式距离度量面部各部件间的距离及部件本身的变化，通过对部件位置和形状的分析提出表情的分类树，利用模板匹配方法进行表情特征提取。Kobayashi等[111]提出了由30个特征点组成的人脸几何模型，人脸表情是通过选取13条经过这些特征点的垂线及相应亮度分布来进行表示的。Tian[112]等开发一个自动面部分析系统，该系统将面部表情的细微变化识别为面部运动单元，而不是一些原型表情，并提出一种含有多种面部状态和人脸成分的模型，用于跟踪和建模各种面部特征。Essa 和 Pentland[113]提出了一种新的面部动作编码系统FACS+，该系统结合几何、物理和运动，基于光流法最优运动估计对面部结构进行了编码，用模板匹配方法进行表情识别。Pantic 和 Rothkrantz[114]提出了一种面部表情识别集成系统，该系统采用一个混合面部特征检测框架，该框架由正面脸模型和侧面脸模型组成，利用多个检测器来检测人脸显著特征。Matthews 和 Baker[115]在 Coots 等[116]提出的主动形状模型（Active Shape Models，ASM）基础上，提出了主动外观模型（Active Appearance Models，AAM），该模型相比于ASM模型能够更加准确地提取人脸轮廓及五官的位置。

　　上述这些方法往往利用公开表情数据库进行算法验证，公开表情库中的表情一般为摆拍，表情幅度较大（图1.1）。但是若无其他外界刺激，人体真实表情变化幅度不大，如果仍然采用面部运动单元的位置和形状作为判别特征，不会达到较好的识别效果。但是，将面部划分为不同运动单元，研究面部微表情运动单元变化则十分有意义。在控制其他因素不变的情况下，面部运动单元随热、声环境变化，说明不同热、声环境中面部表情会发生改变，那么通过面部表情识别，就可以判断人员所处热、声环境状态的舒适性。选择何种特征变量以表征运动单元变化尤为重要，鉴于表情视觉特征是由肌肉运动产生的面部纹理变化，因此，纹理特征是表情图像的像素特征，该特征可以反映图像低层信息，对于真实表情的识别算法，纹理特征应该受到特别关注。

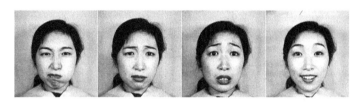

图1.1 Jaffe表情数据库

基于表观特征的表情识别方法提取图像中像素信息作为表情特征。表情主要通过眼睛、鼻子、嘴巴、眉毛等面部器官来体现，它们的纹理像素信息可以反映不同表情纹理变化。该类方法通过图像变换，在变换域中提取变换系数作为表情特征，二维Gabor变换是常用的特征提取方法。二维Gabor小波[117]是由一组不同尺度、不同方向的滤波器组成，具有多分辨率特性，利用Gabor小波对表情图像进行分解，可以得到表情不同纹理信息[118]。而且Gabor变换能够减弱光照对图像的影响[119]，因此Gabor变换被广泛应用于表情识别领域。早在1999年，Lyons[120]就提出了基于标准弹性图匹配——二维Gabor小波变换和线性判别的人脸图像自动分类方法。作者发现不同表情的二维Gabor系数不同，可以作为分类特征，进而开启了将Gabor变换用于表情特征提取的序幕。Sun[121]等考虑到Gabor变换可以在不同尺度和方向上，提取表情形状和外观特征，局部二值模式则可以捕捉到外观细节特征，因此可将Gabor滤波器和局部二值模式提取的特征进行融合。Almaev和Valstar[122]将空间和动态纹理分析与Gabor小波相结合，得到了很好的识别效果。Jiang等[123]结合Gabor滤波器和卷积网络优点，提出了Gabor卷积网络，该网络由Gabor方向滤波器代替了传统卷积滤波器，能够更好地提取嘴巴、眼睛、鼻子、眉毛等表情区域的特征。

由于基于表观特征的表情识别方法，尽可能多地保留原始表情图像信息，从而造成特征维数过高、运行复杂度较高、运行时间较长，一般需要通过降维来降低算法复杂性和时间，常用的降维方法有主成分分析、独立主成分分析和线性判别分析。

1991年，Turk等[124]首次将主成分分析（Principal Component Analysis，PCA）用于人脸识别，并提出了特征脸（Eigenface）的概念，该方法通过K-L变换得到正交基，并将人脸图像投影到正交基上，从而得到较低维度的人脸特征，随后学者将PCA方法用于表情识别。Donato和Bartlett M S等[125]研究了PCA方法在面部运动识别中的应用。Andrew等[126]采用PCA提取了表情特征，用欧式距离进行分类。Niu和Qiu[127]在PCA的基础上，利用了加权主成分分析（Weighted principal component analysis，WPCA）对表情图像进行特征提取并用支持向量机（Support Vector Machine，SVM）进行分类。Havran等[128]提出一种独立主成分分析（Independent Component Analysis，ICA）方法，经

ICA分解出的各分量之间是相互独立的,该方法相比于PCA能够提取出更为有效的特征。周书人等[129]在对PCA改进的基础上提出了独立分析,与隐马尔科夫模型结合,提高识别率和识别效率。此外,线性判别(Linear Discriminant Analysis,LDA)分析也被广泛应用于表情特征提取,该方法是让样本投影到使Fisher准则函数达到极值的向量上,使得投影后样本的类间离散度达到最大,类间离散度最小。Belhumeur等[130]提出了Fisherface,该方法先用PCA对表情图像进行特征提取与降维,然后再对Eigenface进行线性判别分析。

上述基于几何特征和表观特征的表情识别方法,主要由人工设计完成几何特征和纹理特征提取,系统性能与设计人员经验和水平有很大关系,算法的推广性不强。而且几何特征和表观特征是人脸表情图像低层的视觉层特征,这些特征的泛化能力较弱。因此,学者们致力于研究一种特征提取方法,过程不需要人员干预,并且能够提取出图像高层"概念特征",深度学习方法随之出现。深度学习算法一经出现,在图像处理领域展现出了明显的优势。自2014年在ImageNet数据集上取得物体识别的性能突破后,深度学习算法逐渐被应用到人脸、表情、掌纹、虹膜、指纹等各种生物特征识别领域,取得了很好的效果。

基于深度学习网络的表情识别方法是一个集特征提取、特征学习和分类于一体的端到端方法,其中卷积神经网络CNN常用于表情图像分类,它可以通过卷积局部操作自主逐层提取特征,除了可以像传统方法提取表情图像的低层视觉特征外,还可以对低层特征分层抽象得到图像的高级概念特征,一系列优秀的深度学习网络模型相继出现。

Xiang和Zhu[131]使用迁移思想，选用在人脸检测和校准中表现突出的任务串联卷积神经网络，构建表情识别模型，用人脸图像训练该模型，然后迁移到表情识别任务中。Chen等[132]提出了一种基于差分卷积神经网络的两阶段框架。Lee等[133]提出一种深时间窗卷积神经网络，主要用于实时视频面部表情识别。Abdolrashidi等[134]提出了一种基于注意力卷积网络的深度学习方法，该方法增加注意模块，模型能够更加专注于面部的重要部分。Xia等[135]设计了一种新的基于深度递归卷积网络的表情识别模型，该模型可以较准确捕捉到表情序列时空特征。Gan等[136]提出了一种具有层次空间注意力的密集连接卷积神经网络，该模型可以自适应地定位显著区域，关注情绪相关特征，从而有效地表示面部表情。

这些基于深度学习的表情识别算法，主要对7种基本表情进行识别，要完成7分类的任务，为了得到较高的识别率，模型结构往往比较庞大，网络参数较多，运算速度慢，难满足实时性的要求。

6. 本书主要内容

本书主要涉及面部微表情与热、声环境舒适度的相关性，基于此建立FMETE（Facial Micro-Expression Data based on Thermoacoustic Environment）数据库，提出了MERCNN（Micro-Expression Recognition Model Based Convolutional Neural Network）舒适度评价模型，构建了实时无接触的舒适度评价系统。本书整体框架（图1.2），具体内容如下：

（1）面部微表情与热、声环境舒适的相关性研究

为进行面部表情与热、声环境关联性研究，将面部划分为多

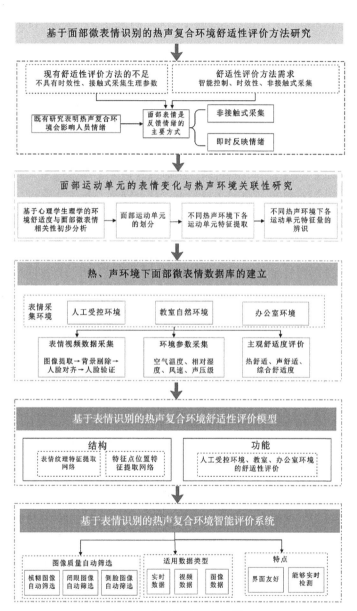

图1.2 本书内容整体结构图

个运动单元，不同热、声环境工况下，以受试者在等候室的面部表情为基准，分析对比运动单元Gabor特征值的变化情况，并进行如下分析：

1）不同热、声环境下面部表情是否会发生改变？

2）面部运动单元与热、声环境的关联性，即热、声环境会对5个运动单元中哪些单元产生影响。

对面部微表情与不同热、声环境舒适度关联性的深入研究为基于面部微表情识别的热、声环境舒适性评价方法提供了理论基础。

（2）热、声环境下面部微表情数据库的建立

分别在气候室环境、教室自然环境和办公室环境等不同场景中进行面部微表情数据的采集。其中，气候室环境设计不同热、声环境工况，采集微表情数据，该数据用于面部微表情与热、声环境舒适相关性研究，建立基于面部微表情识别的热、声环境舒适度评价模型。另外，在教室自然环境和办公室环境中，进行现场实验，采集面部微表情，这部分数据主要用于基于微表情识别的热、声环境舒适性评价模型性能验证。

（3）基于组合网络表情识别的室内环境舒适度评价模型建立

利用卷积神经网络，构建基于微表情识别的热、声环境舒适性评价模型MERCNN，该模型由视觉特征提取模块和特征点位置特征提取模块组合而成。构建好的模型，通过人脸微表情数据库，学习舒适和不舒适环境中面部微表情特征。训练好的模型，识别面部微表情，进行环境状态的舒适性评价，并与主观调查问卷、其他舒适性评价模型结果进行对比和分析。

虽然，很多热、声环境舒适性研究，发现不同度热、声环境

会对人的情绪产生影响，但尚无利用面部微表情识别评价热、声环境状态舒适性的方法，本部分，为热、声环境舒适性评价新方法提供了新思路。

（4）基于组合网络微表情识别的热、声环境舒适性智能评价系统构建

构建基于组合网络微表情识别的室内环境舒适性智能评价系统，该系统提供了视频数据、图像数据和实时数据3种数据接口，可自动完成图像提取、背景剔除、人脸验证、位置校准等数据预处理，具备图像质量自动检测、闭眼图像、非正面图像自动筛选功能。智能评价系统识别微表情图像，评价热、声环境状态舒适性，并将评价结果可视化显示。

第 2 章

面部微表情与
热、声环境舒
适的相关性

不同舒适度的热、声环境会让人产生不同情绪，而面部表情可以反映不同情绪状态，那么不同舒适度的热、声环境是否会令面部表情产生变化？本章首先从心理、生理学角度，定性研究环境舒适度与面部微表情的相关性，在此基础上将面部划分为 5 个运动单元，通过对 5 个运动单元环形对称 Gabor 特征的辨识，进一步定量分析环境舒适度与面部微表情的相关性。

第 1 节　热、声环境舒适度与
面部微表情相关性的心理、生理学分析

情绪产生机制是研究面部微表情与热、声环境舒适相关性的基础，下面将从环境对情绪的影响、面部表情与情绪关系两方面进行论述。

1. 热、声环境舒适性对情绪的影响

情绪是一种非常复杂的心理现象，情绪的产生不仅由心理因素造成，所有影响人体动态平衡的心理、生理、化学和生化偏差均可以导致情绪的产生，即情绪产生机制是多发的。情绪可以通过感觉诱发，如疼痛、寒冷、刺耳声音等诱发出消极的情绪；也可以通过认知诱发，如发现危险诱发出的恐慌情绪[137]。而且不同情绪有不同的大脑激活系统[138]，脑岛和基底神经核对厌恶情

绪反应较为强烈，高兴和悲伤则在内侧前额叶皮质得到更强的激活，杏仁核则对上述情绪都有反应[139]。这些能够激发情绪产生的因素就是压力源，压力源主要分为心理压力源和生理压力源，热环境和声环境属于生理压力源，由于人们大部分时间在室内度过，所以室内环境的生理压力源对人情绪的影响十分重要[140]。

热舒适相关研究表明，热环境舒适度会影响人员情绪[141]，舒适的热环境会提升人们的愉悦感[14, 142]，过冷或过热的环境会增加人们的压力感[12]。热环境舒适度主要包括三方面因素[143, 144]：环境因素（温度、湿度和空气速度）、个人因素（新陈代谢率、服装热阻等）和热适应性因素（气候、年龄、性别等）。室内温度作为热舒适性的关键因素，对人的情绪有一定的影响，热舒适度从"一般舒适"到"舒适"，人会产生积极向上的情绪[145]，相反热环境偏离热舒适区较远时，会对人的情绪产生负面影响[146, 147]。很多学者通过对办公室[148]和教室[149~151]热环境的研究发现，不舒适热环境，会影响室内人员情绪，进而影响学习和工作效率。还有研究发现，对室内环境温度进行过度人工控制，也会对人员情绪产生消极影响[152~154]，而温度的自然变化则会对人员情绪产生积极影响。由此可以看出，室内热环境的舒适性会对人员情绪产生积极或消极影响。

室内噪声对人员情绪有着直接负面影响[155~160]，长期暴露在噪声环境中会使体内肾上腺素水平升高，令人焦躁不安、烦躁[161]。噪声对情绪消极负面的影响，在办公室[162, 163]、教室[164, 165]和医院[166, 167]等不同室内环境中均得到了证实。研究表明，增加噪声压级会提升人的血压，从而增加人的压抑情绪[168]。噪声对人的认知能力也有负面影响，不仅会降低人员对环境的满意度[169~172]，也会降低工作效率。还有研究表明，焦躁和抑郁情绪的产生与长期暴露于噪声环境有明显的关联性[173]。而利用音乐和亲自然声音营造舒适的声环境，可以有效改善人的负面情绪[174, 175]，帮助人们降低抑郁的程度、缓解愤怒的情绪[176~180]。

人们身处不同舒适度的热、声环境，会产生不同情绪，情绪主要通过内在体验、生理反应和表情[181]等方式进行表现，而表情是人类非语言情绪表达的重要部分[182]。

2. 面部表情与情绪的关系

情绪变化会使眼部、面部和口部肌肉运动，肌肉的运动会产生表情[183]，相比于其他情绪表现方式，表情更具自然化、情绪化和感染化[184]。人们可以通过表情来表达自身情绪，也可以通过解码他人表情，理解和感知他人的情绪状态。研究人员通过脑影像研究发现，与情绪产生过程中大脑活动情况一样，大脑在加工不同表情时，也存在不同大脑激活系统。Blair等[185]通过fMRI脑成像技术发现左侧杏仁核和右颞极能够被悲伤表情激活，而愤怒表情主要激活了眶额叶皮质和前扣带皮质。Macro等[186]也利用脑成像技术考察了恐惧、厌恶、悲伤和高兴四种情绪在脑区的激活模式，结果发现杏仁核能够被所有情绪激活。

20世纪60年代，美国心理学家Ekman提出了基本情绪理论，该理论认为人类存在悲伤、喜悦、厌恶、恐惧、愤怒、惊讶六种基本情绪[187]，通过这六种表情识别可以识别出六种不同情绪状态。为更好研究不同面部表情与面部肌肉变化情况，Ekman于1978年提出了面部行为编码系统（Facial Action Coding System，FACS）[188]。FACS根据人脸解剖学特点，把人脸划分为若干个既相互独立又相互联系的运动单元（Action Unit，AU），并对运动单元进行编码。FACS中有24个单一动作的运动单元（表2.1），每一种表情都是由一个或多个运动单元组合而成，各运动单元有不同侧重，嘴部表达快乐情绪时更重要，眼部表达悲伤、惊恐情绪时更突出。通过面部表情识别来判定情绪状态是目前常用的情绪识别方法。

AU运动单元[189]   表2.1

活动单元（AU）编号	活动编码名称	肌肉名称
AU1	眉毛内侧向上拉起	额肌内侧收缩
AU2	眉毛外侧向上拉起	额外肌收缩
AU4	眉毛压低并向中间聚拢	眉间降肌、降眉肌、皱眉肌收缩
AU5	上眼睑提升	提眼睑肌收缩
AU6	脸颊提升，眼袋压缩	眼轮匝肌外圈肌肉收缩
AU7	眼睑紧凑	眼轮匝肌内圈肌肉收缩
AU9	鼻纵皱	降眉间肌、鼻肌收缩
AU10	提上唇、出现鼻唇沟	鼻肌、提上唇肌收缩
AU11	鼻唇沟加深	小颧肌收缩
AU12	口角向上向后拉伸	大颧肌收缩
AU13	辅助口角后向上牵引	降口角肌收缩
AU14	嘴角横向拉伸、抿嘴	笑肌（浅层）、颊肌（深层）收缩
AU15	口角向下牵引	降口角肌收缩
AU16	嘴唇下压	下唇肌收缩
AU17	下巴上台、噘嘴	颏肌收缩
AU18	口唇缩拢	口轮匝肌收缩
AU20	嘴唇向耳后拉伸	口角收缩肌、颈阔肌收缩

续表

活动单元（AU）编号	活动编码名称	肌肉名称
AU22	嘴唇外翻	口轮匝肌收缩
AU23	嘴唇内收（看不见嘴唇）	口轮匝肌收缩
AU24	用力闭嘴	口轮匝肌收缩
AU25	嘴唇分开、但下颌没有动作	唇压肌、颏提肌放松
AU26	下颌放松分开	咬肌、翼状肌放松
AU27	上下颌都展开	翼状肌、二腹肌收缩
AU28	含嘴唇	口轮匝肌收缩

3.热、声环境与面部表情的关系

综上可以看出，环境温度和声音作为一种物理刺激源，独立或综合地影响人的情绪。人体遍布很多温觉和冷觉感受器，人处在不同环境温度时，皮肤表面的温度感受器感知到这一信号，并将温度信号传递给大脑的中枢神经。而对于声音来说，外界的声波经过外耳道传到鼓膜，引起鼓膜的振动；振动在内耳刺激耳蜗内的听觉感受器，并将神经冲动传递到大脑皮层的听觉中枢。以上这些过程最终产生心理方面的调节，这个过程涉及一系列情绪的产生（图2.1）。

总的来说，人体是一个综合统一体，各个系统之间协调合作。当处在不同室内环境时，为响应并适应当前环境，人体进行一系列的心理（情绪）、生理（生理参数）及行为调节（增减衣服、开关空调）。而大脑中的杏仁核是产生、识别情绪和调节情绪最重要的区域，当杏仁核对人们正在经历的刺激作出适当的响应时产生面部表情，以表达当前的情绪。因此，通过表情识别可

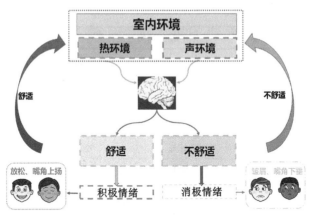

图2.1　热、声环境与面部表情的关系

以判断人员情绪状态，根据情绪状态可以得到人员所处环境的舒适度。

第2节　面部微表情与热、声环境舒适度相关性的初步实验研究

本节在人工可控环境中，控制不同热、声环境参数，采集面部表情视频数据，研究面部表情与热、声环境舒适性的相关性。以面部运动单元理论为基础，结合本研究面部表情数据特点，将面部划分为5个运动单元，提取每个运动单元环形对称Gabor特征，通过计算与标准脸运动单元的欧式距离，分析不同热、声环境下面部表情变化。

1.伦理道德声明

研究涉及所有实验的实验内容和流程获得了本校伦理委员会的支持（批准号：QUT.L.01），后期对受试者数据进行处理，且告知受试者有权利随时退出实验。

2.实验概况

（1）实验场所

实验在环境物理参数（包括声环境、热环境、光环境等）可控的实验室进行。该实验室空间大小为5000mm×3000mm×2600mm（长×宽×高），由等候室和人工气候室组成（图2.2）。实验室装有恒温恒湿空调系统，该系统温度范围和精度分别为（−5～+38℃）、±0.5℃；相对湿度范围和精度分别为（30%～

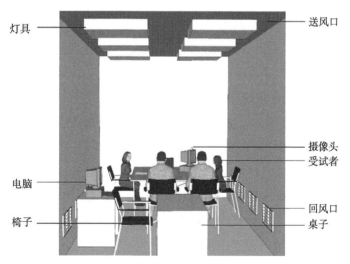

图2.2　实验场所

80%）、±5%。采用上送下回送风方式，顶部孔板送风，侧墙下部回风，室内气流均匀，消除了吹风感对受试人员热舒适的影响。

（2）受试者

实验共招募34名健康受试者（20男，14女），所有受试者无吸烟、酗酒等不良嗜好，受试者基本信息（表2.2）。受试者穿统一服装（短袖上衣、长裤、运动鞋），其服装热阻为0.57clo。此外，为保证采集到的表情图片的有效性，受试者需保持良好的睡眠。实验前，向每位受试者提前发放知情同意书。为避免其他参数对受试者情绪的影响，实验期间，严格控制气候室环境参数。

受试人员基本信息　　　　表2.2

性别	信息	平均值 ± 标准差	范围	人数
男	年龄（岁）	22.57 ± 2.34	18～26	20
	身高（cm）	180.12 ± 5.45	172～187	
	体重（kg）	71.52 ± 7.19	63～85	
女	年龄（岁）	21.71 ± 2.25	18～25	14
	身高（cm）	162.63 ± 4.37	155～168	
	体重（kg）	53.88 ± 10.17	47～70	

（3）实验工况设计

本实验研究声、热两个因素共同作用下环境舒适度对人脸表情影响，设计六种实验环境工况，具体操作如下：

实验设计了18℃、24℃和30℃三个温度工况。其中，18℃是夏热冬冷地区卧室的推荐温度[190]，24℃接近人体的热中性温度[191]，30℃与人体储热有关[192]。

《社会生活环境噪声排放标准》[193]中规定：居民住宅、医疗卫生、文化教育、办公楼等区域白天噪声级应低于55dB。由于人体在不同类型声音下的生理反应、舒适程度、情绪等存在差异，考虑人们已经习惯于日常室内声音，超静音环境也会使人烦躁不安，不利于生理和心理健康。此外人体暴露于声环境时，随着声压级的增加，人体烦躁感增加[194, 195]。故本文选取80dB声压级、连续A声级的风机噪声和40～60dB声压级的日常声音作为声环境指标。各种工况下的环境参数见表2.3。

各工况下的环境参数　　　　　　　　表2.3

工况	室内空气温度（℃）	室内噪声水平（dB）
1	18	80
2	18	40～60
3	24	80
4	24	40～60
5	30	80
6	30	40～60

（4）实验流程

实验开始前，受试者统一着装，在等候室等待10min。准备工作结束后，进入气候室静坐20min，并分别于5min、10min、15min、20min填写调查问卷，实验流程见图2.3。为探究受试者面部表情随暴露时间的变化规律，实验期间，用Sony高清摄像头（540p、16:9、24fps）实时获取受试者的面部表情数据。此外，利用温湿度自记仪实时检测气候室的温度和相对湿度；使用声级计测量背景噪声，所用仪器和对应的技术参数见表2.4。表情视频数据采集现场见图2.4。

图2.3 实验流程

测量仪器型号及精度   表2.4

测试参数	设备型号	量程	精度
相对湿度	Testo174H，德国	0～100%RH	±0.1%RH
空气温度	Testo174H，德国	−40～+100℃	±0.5℃
风速	Kanomax 6004，日本	0～50 m/s	±0.1m/s
黑球温度	HI-2000SD，日本	0～80℃	±0.6℃
声压级	HS6288B，中国	35～130dB（A）	±1dB（A）

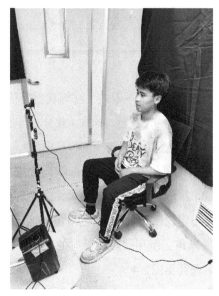

图2.4 表情视频数据采集现场

3. 调查问卷

调查问卷能够直接获取受试者对环境舒适度的主观评价，通过心理和生理相关的主观尺度来量化人类对环境的反应。本研究调查问卷的主要内容包括热舒适、声舒适和综合舒适，投票均采用 5 级感觉标尺舒适（0）、稍不舒适（－1）、不舒适（－2）、很不舒适（－3）和难以忍受（－4），具体内容见表 2.5。

热、声环境舒适度投票　　　　　　　　表 2.5

环境	舒适度定义
热环境	舒适（0）、稍不舒适（－1）、不舒适（－2）、很不舒适（－3）、难以忍受（－4）
声环境	
热、声环境	

4. 表情视频数据处理

人工可控环境采集到的单人表情视频数据见图 2.5。要进行表情识别，首先从表情视频数据中检测出人脸，只有精确实现人脸检测，才能完成下一步的表情识别，以及后续基于表情识别的舒适性评价。

对采集到的表情视频数据进行了图像提取、面部检测、面部验证和位置校准等预处理。首先，对采集到图像进行视频帧提取，得到图像数据；其次，进行面部检测去除掉多余的背景和噪声信息；再次，对检测到的人脸图像进行人脸验证，保证分割出的为人脸图像而非其他；最后，对分割出的人脸图像，进行位置校正，保证人脸每个特征点处于同一位置。

图2.5　采集到的单人表情视频数据

（1）图像提取

对采集到的面部表情视频，进行帧提取得到图像。如果将视频数据每一帧进行提取，运算时间较长，后期表情识别数据量太大，不能满足实时性的要求。为了提高运行效率，本书每24帧提取一张图像，提取频率为1张/s。

（2）背景剔除

人脸检测是表情识别系统的第一步，也是十分具有挑战的工作。一般情况下，采集的表情图像会包含较复杂的背景信息，如果不剔除背景信息，会影响后续表情特征提取，降低分类和识别精度。由图2.5可以看出，人脸区域与背景之间的像素值差别较大，因此使用基于梯度方向直方图（Histogram Oriented Gradients，HOG）特征的人脸检测算法。

HOG算法核心思想是计算和统计图像局部区域的梯度直方图。梯度由微分运算得到，它主要存在于数据变化明显位置。一幅图像中，梯度主要存在于图像的像素值变化剧烈的边缘。整个算法流程图见图2.6，HOG特征在提取过程中是针对图像中的局部单元进行操作，所以HOG特征具有几何和光学不变性。

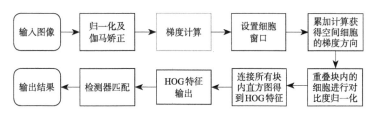

图2.6 基于HOG的人脸检测算法流程图

HOG特征提取过程主要分为以下几步：

1）用伽马（Gamma）矫正对图像进行归一化，调节人脸图像的对比度，降低光照变换和阴影对图像质量的影响，同时对噪声也有一定抑制作用。

2）对于图像$f(x, y)$，在坐标(x, y)处的梯度是一个列向量，由公式（2-1）计算得到，该向量表示图像中的像素在点(x, y)处灰度值的最大变化率方向。

$$\nabla f = grad(f) = \begin{bmatrix} g_x \\ g_y \end{bmatrix} = \begin{bmatrix} \dfrac{\partial f}{\partial x} \\ \dfrac{\partial f}{\partial y} \end{bmatrix} \qquad (2\text{-}1)$$

其中，g_x和g_y分别是水平和垂直方向的梯度分量。由公式（2-2）可以得到梯度幅度与方向。

$$M(x,y) = \sqrt{g_x(x,y)^2 + g_y(x,y)^2} \ , \quad \varphi(x,y) = \tan^{-1} \frac{g_y}{g_x} \qquad (2\text{-}2)$$

$M(x，y)$和$\varphi(x,y) = \tan^{-1} \dfrac{g_y}{g_x}$分别为梯度$grad(f)$的幅值和方向。

3）将图像分割为相互连通的小区域，即单元细胞（Cells）。

4）统计每个Cells中各像素点的梯度直方图。

5）将Cells组成一个块（Block），为使特征向量空间对光照、阴影和边缘变化具有鲁棒性，对Block块内的HOG特征向量进行归一化。

6）连接所有块内的HOG特征，构成整张图像的HOG特征向量。

对图2.5所示的视频提取一幅图像，得到的结果见图2.7（a），利用HOG算法对该图像进行人脸检测结果见图2.7（b）。

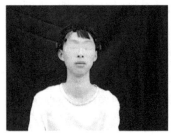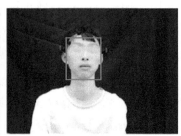

（a）由视频提取的单人图像　　　　（b）单人检测结果图像

图2.7　人脸检测结果图

（3）人脸验证

为保证人脸检测得到的图像是真正的人脸图像，需要对检测到的图像进行人脸验证。卷积神经网络（Convolutional Neutral Network，CNN）[196]是目前最受关注的深度学习模型，在图像处理相关领域展现出了优异性能。因此，本书选择卷积神经网络（CNN），构建了面部验证模型，模型输入为人脸检测结果图，输出为人脸和非人脸的验证概率。若验证为人脸图像的概率大于非人脸图像，则认为分割出的图像是真正人脸图像，进行下一步的位置校准处理，若判定为非人脸图像则将该图像舍弃。

1）面部验证模型结构

验证模型包括两个特征提取器（一个特征提取器包含一个卷积层和一个池化层）、三个全连接层和一个输出层，模型结构见图2.8。

①输入层：选取400张人脸图像和400张非人脸图像（图像大小为144像素 × 144像素），作为该模型的数据集。将数据集划分为训练集、验证集和测试集，该数据集为小规模数据，因此划分比例为训练集:验证集:测试集=6:2:2[197]。

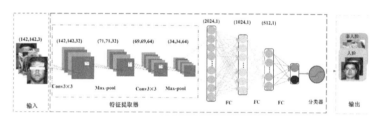

图2.8　面部验证模型结构图

②卷积层：卷积层[198]是卷积神经网络的特征提取器，由一组滤波器及卷积核组成。图2.9是一个3 × 3的卷积核，不同卷积核提取图像不同特征，常用卷积核大小有1 × 1、3 × 3和5 × 5[199]。输入图像或池化层输出图像与卷积核做卷积运算，即将卷积核覆盖在图像上，图像像素值与卷积核对应位置系数相乘并相加，和作为图像中目标像素值。用图2.9的卷积核对一个图像进行卷积运算示意图（图2.10）。本模型选择卷积核大小为3 × 3。

-1	0	1
-2	0	2
-1	0	1

图2.9　3 × 3大小卷积核示意图

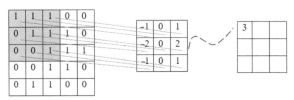

图2.10 卷积运算示意图

③池化层[200]：也称为欠采样或下采样，主要用于卷积层提取到的特征图降维，从而达到对数据和参数数量的压缩，减小过拟合，提高模型的鲁棒性。图像中相邻像素相关性很强，卷积层输出像素也存在着较大冗余，如果直接用卷积层学习到的特征，进行网络训练计算量过大，所以需要对特征图进行降维，只保留最有用的图片信息，减少噪声传递。常用的池化层有最大值池化和均值池化[201]，窗口大小为2×2池化层操作（图2.11）。本模型选择窗口大小2×2最大值池化。

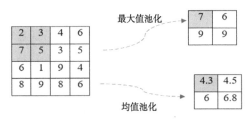

图2.11 池化操作示意图

④全连接层：全连接层的每一个节点都与上一层所有节点相连，采用全部互连方式，把前面提取到的局部特征综合起来，形成整体特征，最终得到一个特征向量。全连接层是一种特殊的卷积层，它的卷积核尺寸与最后一个池化层输出特征图一致。本模型包括三个全连接层。

⑤Softmax层：多分类问题一般会在全连接层后面接一个

Softmax 层，如果是个类别的分类问题，则该层的输入为一维向量，输出也为一维向量，输出向量的数值大小范围为 0～1，分别表示各个类别的概率。最大概率对应的图像类别会被判定为最终的识别结果，Softmax 输出层的函数表达式如公式（2-3）所示：

$$P(C_i = i \mid X) = \frac{e^{\theta_i^{T(X)}}}{\sum_{i=1}^{k} e^{\theta_i^{T(X)}}} \qquad (2\text{-}3)$$

其中 $P(C_i=i \mid X)$ 表示第 X 幅图像数据属于第 i 个类别的概率；$\theta_i^{T(X)}$ 为分类器的学参数；$\sum_{i=1}^{k} e^{\theta_i^{T(X)}}$ 为归一化处理，其保证所有类别的判定概率之和为 1。

⑥激活函数：激活函数（Activation Function）是指那些能够实现非线性映射的函数，主要是用来增加神经网络非线性表达能力[202]。现实中大部分需要解决的问题都是非线性，而单纯卷积运算是线性运算，没有激活函数，网络只是一个简单线性回归模型，解决问题能力有限。非线性能力对于神经网络学习和理解复杂问题来说具有十分重要的作用。常见的激活函数主要有 Sigmoid[203, 204]、Tanh[205, 206]（Hyperbolic Tangent 双曲正切函数）和 ReLu[207]（Rectified Linear Units，线性修正单元）。面部认证模型选择 ReLu 作为激活函数。

ReLu 函数的出现，解决激活函数引起的梯度弥散现象，它是一个分段函数，函数表达式如公式（2-4）所示。可以看出当函数输入值小于 0 时，函数输出将被强制置为 0，否则输出等于输入值，函数曲线见图 2.12。由于将一些数据强制为 0，在一定程度上起到了数据稀疏的作用，计算速度更快。由于 ReLu 是不饱和函数，所以不会存在梯度弥散问题。但 ReLu 函数的导数在函数输入值小于0时总为0，会出现一个梯度较大的神经元经过ReLu函数后，变成坏死神经元的情况。

$$\mathrm{Re\,Lu}(x) = \begin{cases} x & if \quad x \geqslant 0 \\ 0 & if \quad x < 0 \end{cases} \qquad (2\text{-}4)$$

2）面部验证模型性能

模型训练的Loss曲线（图2.13），经过75个Epoch训练，模型的准确率达到100%，可以准确识别出人脸和非人脸图像。使用TSNE将面部验证模型特征提取前后，人脸和非人脸数据分布进行可视化（图2.14）。图2.14（a）是没有经过面部验证模型特征提取前，人脸和非人脸数据分布情况。可以看出，人脸和非人

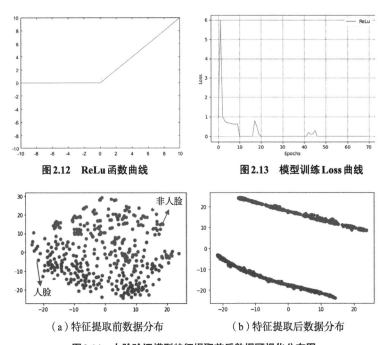

图2.12　ReLu函数曲线　　　　　图2.13　模型训练Loss曲线

（a）特征提取前数据分布　　　　（b）特征提取后数据分布

图2.14　人脸验证模型特征提取前后数据可视化分布图

脸图像存在一定程度的混叠。由图2.14（b）可以看出，使用面部验证模型对人脸和非人脸图像进行特征提取后，人脸和非人脸数据类内距变小，类间距增大，该面部验证模型可以准确判别出人脸检测模型得到的结到果是否为真正人脸图像。

本书采用了基于仿射变换的人脸对齐算法。仿射变换就是二维坐标到二维坐标之间的线性变换，且保持二维图像的"平直性"和"平行性"。"平直性"指变换后直线还是直线，圆弧还是圆弧。"平行性"是指保持直线之间的相对位置关系保持不变，平行线经仿射变换后依然为平行线，且直线上点的位置顺序不会发生改变。典型的仿射变换主要有以下几种[208]：

1）旋转变换

目标图像围绕原点逆时针旋转 θ 弧度，对应的变换矩阵如公式（2-5）所示。

$$\begin{bmatrix} \cos(\theta) & -\sin(\theta) & 0 \\ \sin(\theta) & \cos(\theta) & 0 \\ 0 & 0 & 1 \end{bmatrix} \tag{2-5}$$

2）缩放变换

将每一点的横坐标和纵坐标放大（缩小）到 mx 和 my 倍，如公式（2-6）所示。

$$\begin{bmatrix} mx & 0 & 0 \\ 0 & my & 0 \\ 0 & 0 & 1 \end{bmatrix} \tag{2-6}$$

3）平移变换

平移变换就是把平面上的一点 (x, y) 动到 $(x+tx, y+ty)$，变换矩阵如公式（2-7）所示。

$$\begin{bmatrix} 1 & 0 & tx \\ 0 & 1 & ty \\ 0 & 0 & 1 \end{bmatrix} \tag{2-7}$$

人脸检测得到的图像（图2.15a），以该图像作为基准图像，确定基准图像51个关键点（图2.15b），选定鼻子、嘴角和眼角5个特征点，作为校准参照点（图2.15c）。

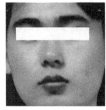 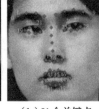 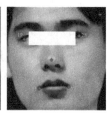

（a）基准图像　　　（b）51个关键点　　（c）5个校准参照点

图2.15　基准图像及校准参照点

待对齐的人脸图像（图2.16a），经过仿射变换后得到的对齐后图像（图2.16b），可以看出经人脸对齐处理后，特征点位置一致。

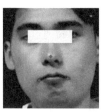 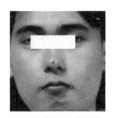

（a）待对齐人脸图像　　（b）对齐后人脸图像

图2.16　人脸对齐前后图像

5.不同热、声环境中面部微表情分析

人工可控环境共设计了6种不同热、声环境，观察不同热、声环境下面部表情，发现面部表情存在差异。

（1）18℃、80dB噪声环境下表情图像特点

18℃、80dB噪声环境中，随着时间的推移受试者面部肌肉逐渐僵硬，面部表情显得紧张、不适。人体对于一个新环境的适应时间一般在20min左右，因此选取受试者进入人工气候室18min左右采集到的图像（图2.17），可以看出在该工况下受试者面部肌肉紧张，表情不自然。

图2.17　18℃、80dB噪声环境下表情图像

（2）18℃、无噪声环境下表情图像特点

18℃、无噪声工况环境中，受试者刚进入人工气候室时，面部肌肉放松表情自然，随着时间推移，特别是女性受试者面部表情肉眼可见的逐渐紧张和僵硬，但表情幅度不大，分别选取2名女性和2名男性受试者18min左右的表情图像（图2.18）。

图2.18　18℃、无噪声环境下表情图像

（3）24℃、80dB噪声环境下表情图像特点

24℃、80dB噪声环境，虽然此时人体处于热舒适区，但是受试者对噪声的反应不尽相同。随着时间推移，部分受试者出现了皱眉头、面部表情紧张严肃、抿嘴无奈的表情，选取4位受试者图像（图2.19）。

图2.19 24℃、80dB噪声环境下表情图像

（4）24℃、无噪声环境下表情图像特点

24℃、无噪声室内环境中，受试者表情处于比较平稳状态，整个面部状态比较放松，几乎没有出现皱眉、抿嘴、鼓腮等表情，面部表情没有较大起伏波动，注意力集中，部分受试者还出现了比较愉悦开心的表情，选取4位受试者图像（图2.20）。

图2.20 24℃、无噪声环境下表情图像

（5）30℃、80dB噪声环境下表情图像特点

30℃、80dB工况下，受试者在整个采集过程中表情变化幅度比较大，多次出现了鼓腮、抿嘴、斜视、皱眉、无奈、打哈欠等一个或多个表情，而且受试者在整个过程中注意力明显不能够集中，左顾右盼。选取4位受试者图像（图2.21），可以看出在该

工况下受试者表情变化幅度比较大。

图2.21　30℃、80dB噪声环境下表情图像

（6）30℃、无噪声环境下表情图像特点

30℃、无噪声工况环境中，大部分受试者出现了鼓腮、抿嘴、斜视和皱眉等一个或多个面部动作，而且在整个采集过程中受试者表情处于非平稳状态，变化幅度比较大，选取4位受试者图像（图2.22）。

图2.22　30℃、无噪声环境下表情图像

通过上述6种热、声环境中受试者面部表情，可以看出同一热环境下有/无噪声，面部表情有变化但不剧烈；不同热环境中，面部表情变化比较明显，温度对面部表情影响更大。但相比于公开的表情数据库（图1.1），实验采集的真实面部表情变化没有那么夸张，为体现本研究采集的表情数据特点，故命名为"微表情"。

不同热、声环境工况中，面部微表情存在差异，特别是眼睛、嘴巴和鼻子区域，变化显著。为进一步定量分析这种差异性，将面部划分为不同运动单元，对各运动单元变化情况进行详细分析。

第3节 面部运动单元的划分

由图2.17～图2.22可以看出，不同热、声环境中，面部表情存在着差异，但表情变化幅度不大。如果仍沿用Ekman[188]将面部划分为28个运动单元，运动单元尺寸过小，反而不利于问题的研究，还有研究表明，各种表情中脸颊区域变化不大[188]。因此，根据人工可控环境中面部微表情的特点，将面部划分为5个相互独立的运动单元，具体过程如下。

1. 不同热、声环境中面部特征点的位置分析

经过图像提取、背景剔除、面部验证和位置校准等预处理后，面部表情图像的特征点及位置见图2.23。

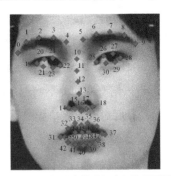

图2.23 面部微表情特征点标注结果图

特征点分布在眉毛、眼睛、鼻子和嘴巴区域，以舒适热、声环境（24℃、无噪声）中受试者面部特征点为基准，分别研究其他5种环境工况受试者面部特征点相对于基准脸的平均位移情况

结果（表2.6）。5种工况下面部特征点位置均发生了改变，而且在不同热、声环境中，特征点位移量存在差别，说明面部特征点位置在不同热、声环境下发生了变化。

面部特征点相对平均位移 表2.6

部位	18℃、无噪声	18℃、80dB噪声	24℃、80dB噪声	30℃、无噪声	30℃、80dB噪声
眼睛	0.86	0.95	0.83	1.62	2.23
鼻子	1.23	1.42	1.62	1.69	1.57
嘴巴	1.95	2.09	1.62	1.69	1.57

2.基于特征点的面部运动单元划分

由上述分析结果可以看出，面部微表情变化主要集中在眼睛、嘴巴和鼻子区域，以51个特征点为基础，将整个面部划分为5个相互独立、不重合的运动单元（Action Unit，AU）：AU#0（眼睛）、AU#1（颧骨）、AU#2（鼻翼）、AU#3（鼻梁）和AU#4（嘴巴）。

以图2.23人脸微表情图像为例，依次连接特征点0、1、2、3、4、22、23、24、19和5、6、7、8、9、28、29、30、25，这些特征点连接而形成的区域为AU#0（眼睛）（图2.24a）。

特征点0和9垂直方向延长线与特征点12水平方向延长线，交于点b1和b2，特征点24和特征点29垂直方向延长线，分别于特征点14和18水平延长线，交于点a1和a2。将特征点依次连接，构成的闭合区域为AU#1（颧骨）（图2.24b）。

a1和a2垂直方向延长线，分别与特征点31和37的水平延长线，交于a3和a4点。依次连接点a1、12、a2、a4、16和a3，构成的闭合区域为AU#2（鼻翼）（图2.24c）。

AU#3（鼻梁）是特征点4、5、25、11和22形成的区域（图2.24d）。

AU#4（嘴巴）（图2.24e）。

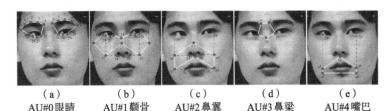

（a） AU#0眼睛	（b） AU#1颧骨	（c） AU#2鼻翼	（d） AU#3鼻梁	（e） AU#4嘴巴

图2.24　AU标注示意图

根据图2.24的AU标注示意图，得到AU掩膜（图2.25），掩膜用于图像AU提取。利用AU掩膜提取得到的AU（图2.26）。

图2.25　AU掩膜示意图

图2.26　AU提取结果图

传统方法往往通过判断AU形状，确定表情变化情况，但从第2章第3节面部微表情图像可以看出，不同热、声环境中面部微表情存在差异，但表情变化幅度不大，传统方法不适合本问题的解决。对于幅度变化不大的真实表情，其纹理特征应该是关注的重点，环形对称Gabor小波变换是常用的一种图像特征提取方法。

3.面部运动单元特征的获取

面部各运动单元环形对称Gabor特征的获取：

Gabor变换（Gabor Transform，GT）[209]是一种加高斯窗的傅里叶变换，由一组不同尺度和方向的滤波器组成，十分适合图像纹理表达，且对于光照变化不敏感，因此在图像预处理过程被广泛应用。常用的二维Gabor滤波器的数学表达有：

$$G(x, y) = \exp\left(-\frac{1}{2} \times \frac{x'^2 + y'^2}{\delta^2}\right)\exp(2\pi f x') \tag{2-8}$$

$$x' = x\cos\theta + y\sin\theta \tag{2-9}$$

$$y' = -x\sin\theta + y\cos\theta \tag{2-10}$$

其中，(x, y)是空间域像素坐标；(x', y')是旋转后的像素坐标；f是函数的空间频率；θ指定了Gabor函数并行条纹的方向，它的取值为0到2π；δ是高斯函数的标准差。

空间频率尺度f和方向θ决定了Gabor滤波器的特性，一般选用5尺度8方向构成Gabor滤波器组，目前常用的Gabor频率和方向为：

$$f = \frac{\pi}{2} \times \sqrt{2}^{-(m-1)} \tag{2-11}$$

$$\theta = \frac{\pi}{8} \times (n-1) \tag{2-12}$$

其中，$m = 1$，2，3，4，5指定了Gabor滤波器的频率，$n = 1$，

2，3，……，8指定了Gabor滤波器的方向，图2.27显示了5尺度8方向的Gabor滤波器的幅值，每行为1个尺度8个方向的滤波器组。表情图像的Gabor特征提取就是将图像I与Gabor滤波器组G进行卷积实现。

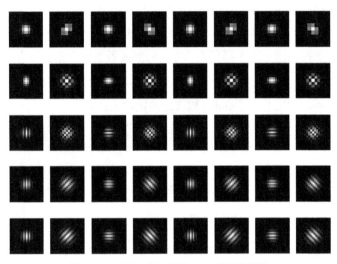

图2.27　5尺度8方向上的Gabor基函数幅值

以图2.23为例，图像大小为144像素×144像素，通过传统Gabor变换后得到40幅144像素×144像素特征图（图2.28），特征维数远高于图像的原始维数，因此Gabor特征提取时间较长。而且传统Gabor变换具有离散的方向选择性，每个尺度选择了8个方向，提取的特征仅是这8个方向下的滤波结果，不具有旋转不变的特点。

环形对称Gabor滤波器是对传统Gabor滤波器的一种变形，在各方向上具有相同的滤波作用，只在尺度上进行变化。其表达式为：

图 2.28　微表情图像经传统 Gabor 变换后的图像

$$G(x,y) = \exp\left(-\frac{1}{2} \times \frac{x^2 + y^2}{\delta^2}\right) \exp(2\pi i f \sqrt{x^2 + y^2}) \quad (2\text{-}13)$$

$$f = \frac{\pi}{2} \times \sqrt{2}^{-(m-1)} \quad (2\text{-}14)$$

其中，(x, y) 是空间域像素坐标，f 是函数的空间频率（m=1，2，3，4，5），δ 是高斯函数的标准差。

环形对称 Gabor 基函数 5 个尺度上的实部、虚部和幅值（图 2.29）。表情图像 $I(x, y)$ 与 5 个尺度上的环形对称 Gabor 卷积，得到的实部 $L_R(x, y)$、虚部 $L_I(x, y)$ 和幅值 $L_A(x,y) = \sqrt{L_R(x,y)^2 + L_I(x,y)^2}$。由于幅值 $L_A(x, y)$ 同时具备了环形 Gabor 滤波器实部和虚部的特点，幅值 $L_A(x, y)$ 能够更好地表现图像的局部特征[199]。

可以看出，由于环形对称 Gabor 去除了方向信息，图 2.23 中的表情图像经环形对称 Gabor 变换后，共得到实部、虚部和幅值

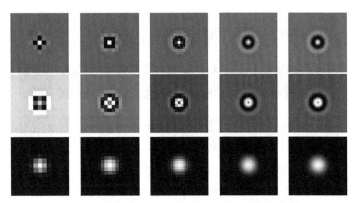

图2.29 环形对称Gabor基函数的实部、虚部和幅值

特征图15幅（图2.30）。可以看出幅值特征图能够很好地提取了表情图像特征，环形对称Gabor滤波方向为360°，能够保留表情在各个方向的特征，具有旋转不变性[210]。因此，本书利用环形对称Gabor变换对表情图像进行特征提取，选择幅度图作为最终环形对称Gabor特征。

相比于传统Gabor变换，环形对称Gabor降低了特征维数，但维数仍然过高，需要进一步降维处理，主成分分析（Principal

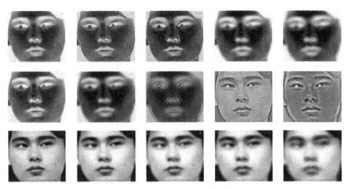

图2.30 表情图像经环形对称Gabor滤波后的实部、虚部和幅值

Component Analysis，PCA）是降低特征维数的有效方法。

4.基于主成分分析的特征降维

主成分分析（PCA）是一种无监督的线性特征提取方法，常用于数据降维[210]。PCA主要是通过对数据协方差矩阵，进行特征值分解，得到协方差矩阵的特征值和特征向量，选择最大（即方差最大）的K个特征值所对应的特征向量，组成新的特征空间，将数据映射到新的空间实现数据特征的降维。PCA方法的主要计算过程如下：

设原始数据$X=(x_1, x_2, \cdots, x_m)$，其中$x_i$是$N$维矢量，则$X$的PCA变换为：

$$Y=U^{\mathrm{T}}(X-X) \qquad (2-15)$$

式中 $\overline{X}=(\overline{x}_1, \overline{x}_2, \cdots, \overline{x}_m)$，$\overline{x}_i=\dfrac{1}{N}\sum_{j=1}^{N}x_{ij}$ 为各矢量均值；而 $U=(u_1, u_2, \cdots\cdots, u_K)$是由协方差矩阵$\sum_X=E\left\{(X-\overline{X})(X-\overline{X})^{T}\right\}$求得的按降序排列的特征值$\lambda_i$对应的特征向量$u_i$组成，$K$为所取主成分个数。

5. 热、声环境中面部运动单元的特征变化量辨识

面部划分为5个运动单元结果（图2.31），面部运动单元纹理特征可以反映出面部微表情的变化，本节以人工可控环境中采集的面部微表情为研究对象（6种热、声环境，34人，累计时长4080分钟的微表情视频数据），研究不同热、声环境中面部微表情变化，算法整体流程（图2.32）。首先，利用环形对称Gabor幅值滤波器组，提取各微表情图像的环形对称Gabor幅值特征；其

次，将特征图划分为5个运动单元，得到每个运动单元的环形对称Gabor幅值特征；再次，采用PCA进行特征降维；最后，通过欧式距离计算各运动单元相对于标准脸的变化量。为对比整个实验过程期间，不同时间段运动单元AU值变化，以5min为间隔，取5min内AU均值作为该时间段的AU值。

具体步骤如下：

（1）选取受试者在等候室表情图像作为标准脸，以该标准脸的标注点为基准，对齐该受试者所有微表情图像，计算该受试者所有关键点的平均标值，用于该受试者AU区域划分；

（2）将每位受试者微表情图像进行环形对称Gabor变换，并选取幅值特征图作为微表情环形对称Gabor特征；

（3）对幅度特征图进行AU区域划分，得到5个运动单元环形对称Gabor幅值特征；

（4）提取标准脸环形对称Gabor幅值特征，且得到幅值特征下的运动单元AU#i（$i=0$，1，2，3，4）；

（5）使用PCA对每个运动单元AU#i（$i=0$，1，2，3，4）进行特征降维；

（6）计算微表情运动单元AU#i（$i=0$，1，2，3，4）与标准脸的运动单元AU#i（$i=0$，1，2，3，4）欧氏距离，该距离作为该运动单元的AU值；

（7）以5分钟为间隔，计算5分钟内AU值的均值作为该时间段的AU值。

（1）18℃、80dB噪声环境各面部运动单元变化特点

在人工气候室内进行初步实验的受试者34人，选取其中4位受试者，2男2女，各运动单元AU值变化情况见图2.33。可以

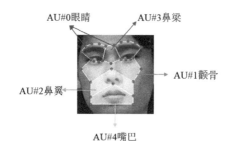

图2.31　面部运动划分结果图

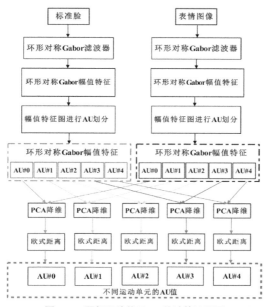

图2.32　面部运动单元AU值计算流程图

看出在该环境下，受试者刚进入人工气候室时，各运动单元AU值最小，此时受试者面部各运动单元纹理与标准脸最为接近，面部没有明显表情变化，随着时间推移，运动单元AU值逐渐增加，面部表情逐渐发生变化。其余受试者面部运动单元AU值也有类似变化的规律，在该工况环境下，随着时间推移面部微表情

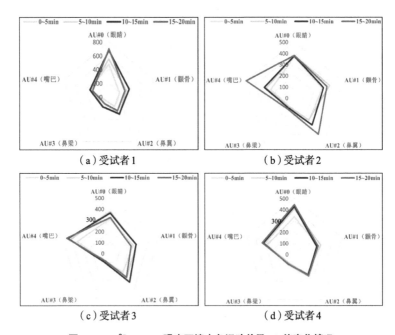

图2.33　18℃、80dB噪声环境中各运动单元AU值变化情况

变化逐渐显著，其他受试者运动单元AU值也有类似变化。

由图2.33还可以看出，不同受试者每个运动单元的变化强度不一样，受试者1的AU#0（眼睛）运动单元AU值变化较大，而受试者2则是AU#4（嘴巴）和AU#2（鼻翼）的AU值变化较大。

对每个运动单元AU值进行归一化处理，统计AU值在0~20min累计变化最大的运动单元结果（图2.34）。可以看出女性受试者面部微表情变化，主要集中在AU#0（眼睛）和AU#4（嘴巴），男性受试者面部微表情变化主要集中在AU#2（鼻翼）。

（2）18℃、无噪声环境各面部运动单元变化特点

该环境仍以上述4名受试者各时间段AU值变化为例

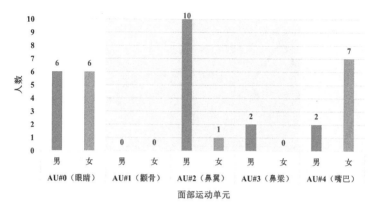

图2.34　18℃、80dB噪声环境归一化AU值累计变化量最大的运动单元人数统计

（图2.35）。受试者刚进入气候室，面部各运动单元的纹理相对于标准脸来说变化不大，随着时间推移，各运动单元的AU值均有所变化。受试者1的AU#0（眼睛）、AU#1（颧骨）和AU#2（鼻翼）三个运动单元AU值变化明显；受试者2则在AU#0（眼睛）、AU#1（颧骨）和AU#4（嘴巴）三个运动单元AU值变化明显；受试者3的AU#1（颧骨）和AU#3（鼻梁）AU值变化显著；受试者4在各时间段AU值变化比较突出的运动单元是AU#0（眼睛）和AU#1（颧骨）。

　　各运动单元AU值归一化处理后，累计变化最大的运动单元（图2.36）。在该环境下有16名受试者AU#3（鼻梁）的AU值变化最大，10名受试者AU#0（眼部）的AU值变化最大，有3名受试者AU#2（鼻翼）的AU值变化最大，仅有1名受试者AU#4（嘴巴）的值变化最大。大部分受试者在该环境中，眼部区域会产生较明显表情变化，如皱眉的表情，仅有个别受试者会出现嘴巴区域微表情变化。

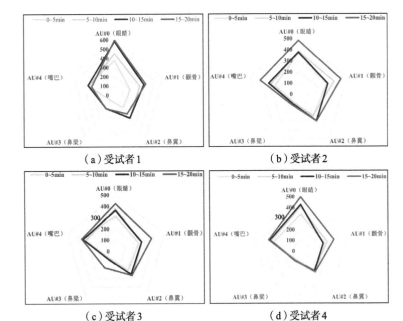

（a）受试者1　　　　　　　　　　（b）受试者2

（c）受试者3　　　　　　　　　　（d）受试者4

图2.35　18℃、无噪声环境下各运动单元AU值变化情况

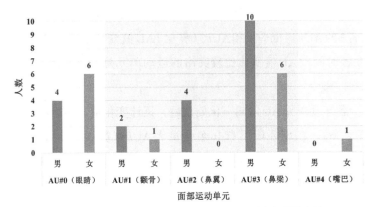

图2.36　18℃、无噪声环境归一化AU值累计变化量最大的
运动单元人数统计

（3）24℃、80dB噪声环境各面部运动单元变化特点

该环境4名受试者5个运动单元，各时间段AU值变化如图2.37所示。受试者1在进入气候室最初0～5min时，其面部运动单元AU#0（眼睛）和AU#4（嘴巴）的AU值较大，说明刚进入气候室，较大的噪声导致嘴巴区域有明显表情变化，随着时间推移AU#1（颧骨）区域的表情逐渐明显。受试者2在该环境下，AU值变化主要集中在AU#0（眼睛）区域。受试者3除了AU#3（鼻梁）和AU#1（颧骨）的AU值几乎没有变化，其他3个面部运动单元AU值改变量比较均匀，变化量不大，但整体来看AU值存在变动，说明进入该环境后面部表情还是发生了改变。受试者4情况与上述三位受试者不同，除了AU#3（鼻梁）的AU值

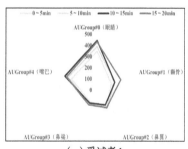

（a）受试者1

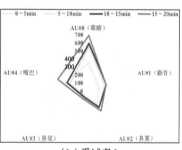

（b）受试者2

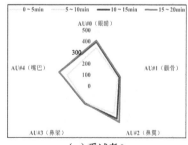

（c）受试者3

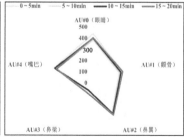

（d）受试者4

图2.37 24℃、80dB噪声环境下各运动单元AU值变化情况

在各时间段，几乎没有变化，其他4个运动单元的AU值，在0～5min值最大，随着时间推移各运动单元AU值相对减小，这一现象说明，该受试者刚进入噪声较大环境，情绪比较烦躁，面部表情变化明显，而且持续整个实验期间，说明该受试者对噪声敏感。

图2.38统计24℃、80dB噪声环境下，归一化AU值累计变化量最大的运动单元。可以看出分别有14名受试者的AU#0（眼睛区域）或AU#2（鼻子区域）AU值变化最大，说明噪声环境中，大部分人在眼部和鼻子区域出现相应的微表情，如皱眉、耸鼻子，而嘴部微表情变化相对较小。

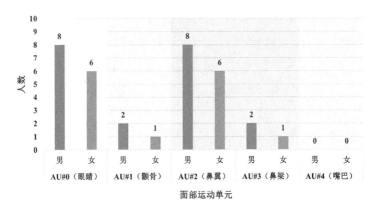

图2.38　24℃、80dB噪声环境归一化AU值累计变化量最大的运动单元人数统计

（4）24℃、无噪声环境各面部运动单元变化特点

由图2.20所示该环境中微表情图像，可以看出受试者面部肌肉比较放松，没有明显表情变化。该环境中4名受试者各运动单元AU值变化情况（图2.39）。

相比于其他环境，该环境中大部分受试者5个运动单元的

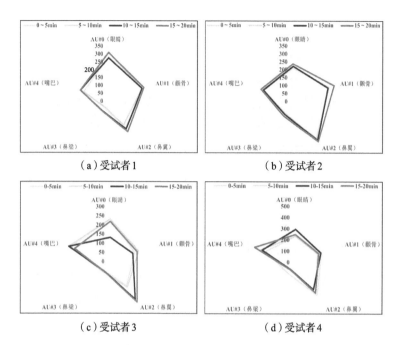

图2.39 24℃、无噪声环境下各运动单元AU值变化情况

AU值较小,见图2.39a和图2.39b的受试者1和受试者2。说明在该环境中,受试者面部表情与标准脸接近,没有产生明显的表情变换。随着时间的推移,5个运动单元AU值相对变化较小,面部的纹理特征没有发生明显改变,与第2章第3节该环境中微表情图像,观察分析结果一致。24℃、无噪声环境较舒适,没有导致受试者产生负面情绪。但也有两位受试者,他们的运动单元AU值存在明显改变,如图2.39(c)和图2.39(d)所示,受试者3和受试者4,说明该环境中仍然有部分受试者感觉不舒适,在AU#2(鼻翼)和AU#4(嘴巴)区域产生了一定表情变化。

（5）30℃、80dB噪声环境各面部运动单元变化特点

该环境中4位受试者5个运动单元AU值的变化（图2.40）。各运动单元的AU值在各个时间段大小接近，AU值没有随着时间增加出现明显的增大或减小，甚至图2.40（c）所示受试者3，各运动单元AU值在0～5min最大，说明受试者刚进入该环境就感觉到强烈不舒适。

30℃、80dB噪声环境，其热环境和声环境远离中性环境，受试者一进入该环境就感觉到强烈不舒适，产生了明显表情变化，因此0～5min时，面部运动单元AU值就较大，产生了较明显表情变化，而且这种面部表情变化持续了整个实验过程，在这期间始终有着强烈不适感。

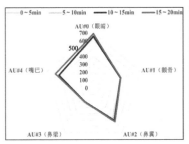

（a）受试者1

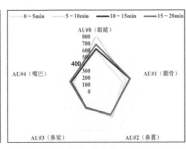

（b）受试者2

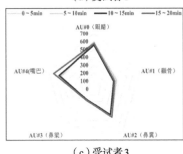

（c）受试者3

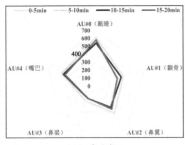

（d）受试者4

图2.40　30℃、80dB噪声环境下各运动单元AU值变化情况

　　该环境下，归一化AU值累计变化量最大的运动单元统计结果（图2.41）。男女受试者AU值累计变化较大的运动单元是AU#0（眼睛）和AU#4（嘴巴），眼睛和嘴巴表情变化明显，这与第2章第3节该环境下表情图像分析结果一致。

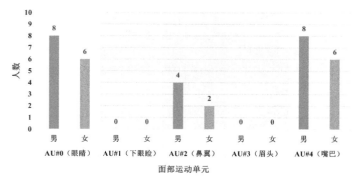

图2.41　30℃、80dB噪声环境归一化AU值累计变化量最大的运动单元人数统计

　　（6）30℃、无噪声环境各面部运动单元变化特点

　　该环境下，4名受试者5个运动单元AU值变化情况，与30℃、80dB噪声环境类似（图2.42）。在刚开始的0～5min，各运动单元AU值就很大，说明受试者一进入30℃、无噪声环境，就产生了较明显的面部表情变化。

　　由于热环境远离热中性状态，受试者产生了强烈的不适感，并且这种不适感持续了整个实验过程，因此各时间段，运动单元AU值相对变化不大。

　　图2.43统计了归一化AU值累计变化量最大的运动单元，该环境下男女受试者仍然是AU#0（眼睛）和AU#4（嘴巴）两个运动单元的AU值累计变化量最大，与30℃、80dB噪声环境下，受试者微表情变化特点一致。

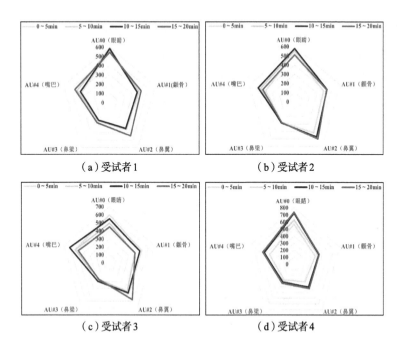

（a）受试者1　　　　　　　　　（b）受试者2

（c）受试者3　　　　　　　　　（d）受试者4

图2.42　30℃、无噪声环境下各运动单元AU值变化情况

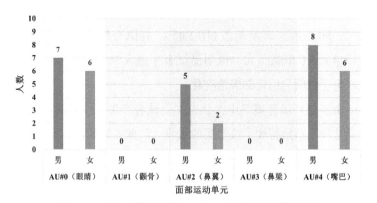

**图2.43　30℃、无噪声环境归一化AU值累计变化量最大的
运动单元人数统计**

　　综上可以看出，不同热、声环境会给人带来不同舒适体验，从而会使人产生积极或消极情绪，面部微表情反映了不同情绪，对应面部运动单元AU值发生了改变。

　　同时可以看出受试者在24℃、无噪声，30℃、80dB噪声环境和30℃、无噪声环境，5个运动单元各个时间段AU值变化量均不大，但其含义则完全相反。24℃、无噪声环境中，大部分受试者运动单元AU值在200～350，说明24℃、无噪声环境中，受试者面部微表情图像与标准脸接近，面部表情没有明显变化；而30℃、80dB噪声和30℃、无噪声环境中，受试者5个运动单元AU值高达400～700，说明在这两种热、声环境中，从一开始受试者就有着强烈的不舒适感，面部微表情与标准脸差距很大，面部产生了明显表情变化，并且持续了整个实验期间。

　　（7）不同热、声环境下各面部运动单元变化的统计分析

　　6种热、声环境中，所有受试者的5个运动单元的AU值取均值结果（图2.44）。24℃、无噪声环境下，5个运动单元AU值最小，说明该环境中，受试者面部表情与标准脸的距离最小，此时面部表情改变最小；24℃、80dB噪声环境下，只有AU#2（眼睛）运动单元的AU值增加明显，而其他4个运动单元AU值变化不大，说明噪声环境会导致眼睛区域产生相应微表情变化；18℃、80dB噪声和18℃、无噪声环境下，随着时间推移，5个运动单元的AU值逐渐显著增加，说明在这两种环境中，停留时间越长，受试者不舒适感越强，消极情绪不断积累，面部表情变化逐渐剧烈；30℃、80dB噪声和30℃、无噪声环境，相比于其他4种环境工况，5个运动单元的AU值最大，与标准脸的距离最大，说明这两种环境给人带来的不舒适感最为强烈，一开始，

受试者就表现出很烦躁的情绪，因此面部表情变化最明显，而且这种表情变化持续了整个实验过程。

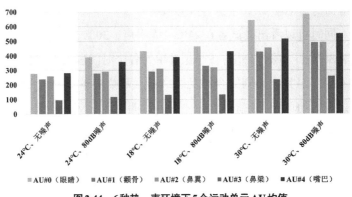

图2.44　6种热、声环境下5个运动单元AU均值

此外，5个面部运动单元中，AU#0（眼睛）和Au#4（嘴巴）在各种热、声环境中变化较显著，受试者眼睛和嘴巴区域会有较明显表情变化，当声环境不舒适时，表情变化主要集中在眼睛区域，而热环境不舒适时，表情变化体现在眼睛和嘴巴区域。综上可以得到以下结论：不同舒适度的热、声环境会让人面部表情发生变化，变化主要集中在眼睛和嘴巴区域。

第4节　本章小结

本章以气候室环境中微表情图像为研究对象，展开了面部微表情与热、声环境舒适的相关性研究。首先，从生理和心理学角度对面部微表情与热、声环境舒适相关性，进行了定性分析；其次，通过观察采集到的微表情图像，发现不同热、声环境中，面部微表情存在差异。18℃、80dB噪声和18℃、无噪声环境，受试者面部微表情由开始放松，逐渐变得紧张、僵硬；24℃、80dB噪声和24℃、无噪声环境，热环境偏中性，由于个体差异性，不同受试者表情变化存在不同；30℃、80dB噪声和30℃、无噪声环境，受试者面部表情变化明显；最后，根据面部51个特征点，将人脸划分为不同面部运动单元，研究不同热、声环境中，各运动单元AU值变化情况。由研究结果可知：①不同热、声环境会造成面部微表情变化，热不舒适会引起眼睛和嘴巴区域表情变化；②声不舒适主要引起眼睛区域表情变化；③环境越偏离中性时，面部运动单元AU值越大，面部微表情变化越明显。

第 3 章

**热、声环境下
面部微表情数
据库的建立**

由第2章分析可知，不同热、声环境中，面部微表情存在差异，可以通过面部微表情识别对环境舒适状态进行评价，而不同热、声环境中的面部微表情图像是该方法研究基础，目前国内外还没有类似表情数据库。因此本章以人工可控环境、教室自然环境和办公室环境中累计采集的305人次面部微表情数据为基础，根据受试者主观调查问卷，构建热、声环境下面部微表情数据库。

1. 气候室环境面部微表情数据采集

气候室环境中，共对34人（20男，14女）在不同热、声环境下，进行了204人次面部微表情视频数据采集，人员信息及采集过程见第2章第2节。20分钟视频数据，经过图像提取、背景剔除、人脸验证、位置校准等预处理，根据受试者主观调查问卷，最终得到舒适环境下表情图像10000张，图像大小为144像素×144像素；不舒适环境下表情图像10000张，图像大小为144像素×144像素。

2. 教室自然环境面部微表情数据采集

为验证基于微表情识别的热、声环境舒适度评价模型的性能，在前期人工可控环境基础上，本节在教室自然环境进行了面部微表情的采集。

学校是人群比较密集的环境，考虑到不同个体对同一环境状态的舒适性评价存在差异，加之单独采集每位受试者的表情数据，需耗费更多人力和物力。因此，在进行教室现场实验时，安排了多人微表情数据采集。共招募31名健康受试者（20男，11女），所有受试者无吸烟、酗酒等不良嗜好，他们的基本信息见表3.1。

受试人员基本信息 表 3.1

性别	信息	平均值 ± 标准差	范围	人数
男	年龄（岁）	21.64 ± 3.29	20～28	20
	身高（cm）	176.32 ± 3.27	172～180	
	体重（kg）	68.23 ± 8.35	55～83	
女	年龄（岁）	21.83 ± 3.05	18～27	11
	身高（cm）	167.27 ± 5.15	157～173	
	体重（kg）	56.45 ± 8.00	45～70	

实验于2021年9月进行，实验过程中，受试者身着短袖上衣、长裤、运动鞋，其服装热阻为0.57clo。准备工作结束后，受试者在教室静坐30min，进行环境适应，适应结束后采集时长为1min面部微表情视频，并填写主观调查问卷，问卷内容如表2.5所示，实验整体流程见图3.1。

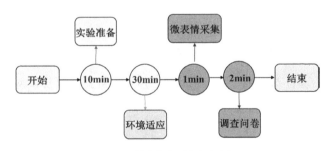

图3.1 教室自然环境实验流程

　　31名受试者分组采集到的多人表情视频数据如图3.2所示，实验期间教室温度为24±0.5℃、湿度为（56±0.4）%、室内噪声45～50dB。

图3.2　教室自然环境中采集到的多人微表情视频

　　相对单人视频，多人视频数据的预处理实施过程更为复杂，除了需要对多人视频数据进行图像提取、背景剔除、人脸验证和位置校准等预处理外，还需要考虑视频采集过程中路人的误入，统计分割出的每位人员面部微表情图像数量，微表情图像数量小于设定阈值时，判别为误入人员，将其图像删除，否则将受试人员微表情图像按编号进行存储，用于热、声环境面部微表情数据库建立。多人表情视频数据处理流程如图3.3所示。

　　教室自然环境多人表情视频数据，图像提取、人脸检测结果见图3.4a和图3.4b，经过人脸分割、人脸验证和位置校准预处理，得到单人微表情图像（图3.4c）。最终，得到教室自然环境中31名受试者微表情图像1860张，图像大小144像素×144像素。

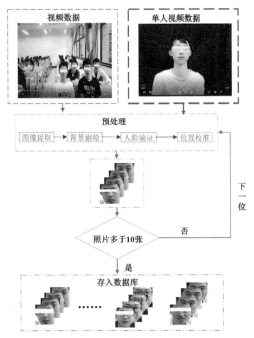

图3.3 多人视频数据预处理流程图

（a）由视频数据提取的多人图像 （b）人脸检测结果

（c）教室自然环境下微表情图像

图3.4 多人微表情视频数据处理结果

3. 办公室环境面部微表情数据采集

冬季共进行了两种办公室现场环境实验，一种是没有空调加热、正常室内噪声环境；另一种是使用空调加热、正常室内噪声环境。

实验共招募35名受试者（20名男生，15名女生），所有受试者身体健康，无吸烟、酗酒等不良嗜好。为了保证采集到的表情图片可靠、真实、客观，实验前要求受试人员需保证良好的睡眠，情绪平稳，无主观不适，受试人员基本信息如表3.2所示。

受试人员基本信息　　　　　　　　表3.2

性别	信息	平均值 ± 标准差	范围	人数
男	年龄（岁）	21.91 ± 1.92	19～26	20
	身高（cm）	172.93 ± 6.11	168～180	
	体重（kg）	66.25 ± 12.21	51～90	
女	年龄（岁）	21.63 ± 2.16	18～27	15
	身高（cm）	163.64 ± 3.56	158～170	
	体重（kg）	56.45 ± 8.00	45～70	

实验过程中，受试者穿着长运动衣裤，服装热阻为1.37clo，实验期间采集到的环境参数（表3.3）。

办公室环境采集的环境参数　　　　　表3.3

工况	温度	湿度	噪声
无空调加热	16 ± 0.5℃	（40 ± 0.4）%	45～50dB
空调加热	22 ± 0.4℃	（41 ± 0.5）%	45～50dB

实验期间，受试者保持正常坐姿，其代谢率约为1.0met（1met＝58.2W/m²），在该环境中适应30min后，分组进行微表情视频数据采集，每组采集时长3min表情视频数据，实验流程见图3.5。采集到的多人表情视频数据见图3.6，对该微表情视频数据进行图像提取、背景剔除、人脸验证、图像位置校准和路人剔除等预处理。每次实验最终得到35名受试者表情图像6300张，图像大小144像素 × 144像素。

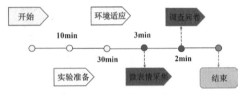

图3.5   办公室环境实验流程图

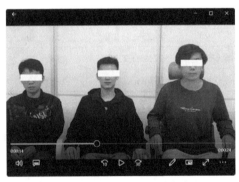

图3.6   办公室现场环境采集的表情数据

4. 热、声环境下面部微表情数据库的建立

利用人工可控环境、教室自然环境和办公室自然环境中采集到的面部微表情，构建了热、声环境下面部微表情数据库FMETE，该数据库包括舒适/不舒适的热、声环境下面部微表情

图像。舒适热、声环境下部分微表情图像如图3.7所示；不舒适热、声环境下的部分微表情图像如图3.8所示。

图3.7　舒适热、声环境下微表情图像

图3.8　不舒热、声环境中微表情图像

FMETE人脸微表情数据库中气候室环境、教室自然环境和办公室环境下，舒适、不舒适微表情图像数量和用途如图3.9所示。人工可控环境中面部微表情图像，主要用于第4章"基于组合网络表情识别的热、声环境舒适性评价模型"的建立和测试，教室自然环境和办公室环境中的面部微表情图像，用于模型性能验证。

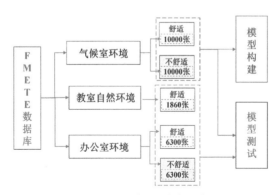

图3.9　FMETE数据库数据分布图

5. 本章小结

热、声环境中面部微表情是本研究的基础，本节选择气候室环境、教室自然环境和办公室环境，作为热、声环境研究对象，分别采集单人或多人面部微表情视频数据，且对视频数据进行了图像提取、背景剔除、人脸验证和位置校准等预处理。将预处理后的面部微表情图像，以受试者主观调查问卷为基准，进行分类，建立了热、声环境下的面部微表情数据库。

第 4 章

基于组合网络
微表情识别的
热、声环境舒
适性评价模型
构建

由前述分析可知，人体在不同热、声环境中，会产生不同面部微表情，对环境满意与否，可以通过表情反映，鉴于面部微表情可以无接触、实时采集，本研究构建了基于微表情识别的环境舒适性评价系统，以期能够实时、无接触获取用户对环境需求的反馈。

卷积神经网络是集特征提取与分类于一体的端到端模型，在图像处理相关领域性能卓越。本章基于卷积神经网络建立基于组合网络微表情识别的热、声环境舒适性评价模型，该模型可以通过人脸微表情识别，对人员室内环境舒适性进行评价。

第1节 模型实现软硬件环境及舒适性指数定义

1. 模型实现软硬件环境

微表情识别模型在Baidu提供的共享深度学习平台AI Studio上实现，网址：https://aistudio.baidu.com/aistudio/index。模型训练所使用的硬件环境如下：CPU为Intel（R）Xeon（R）Gold、内存16GB、GPU为NVIDIA Tesla V100；软件使用Python3.7完成模型搭建及测试。实现模型的具体软硬件环境如表4.1所示。

2. 舒适性指数的定义

由于本研究首次提出面部微表情与热、声环境舒适性的相

表情识别模型实现软硬件环境   表4.1

配置	参数
开放环境	Ubuntu 16.04
深度学习框架	Paddle 2.0
编程语言	Python 3.7
计算机CPU	Intel(R)Xeon(R)Gold 6148
内存	16GB
GPU	NVIDIA Tesla V100
显存	16GB
磁盘	100GB

关性，目前仅通过面部微表情识别，对热、声环境舒适、不舒适进行定性分析，不涉及定量研究。虽然第3章实验部分，调查问卷将舒适程度分为了0～-4共五个等级，但目前本书将-1～-4等级均认为不舒适，0等级为舒适，结合微表情识别网络的输出，定义舒适度评价标准即舒适性指数（图4.1）。舒适性指数越接近于"1"表示所处环境不舒适，越接近于"0"表示环境越舒适，设定阈值为0.5，当舒适性指数为0.5～1时，判定环境为不舒适，当舒适性指数为0～0.5时，判定环境为舒适。

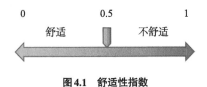

图4.1 舒适性指数

第2节 基于组合网络微表情识别的热、声环境舒适度评价模型构建

本节构建基于卷积神经网络微表情识别模型MERCNN，MERCNN模型通过FMETE数据库中舒适/不舒适微表情图像，学习舒适/不舒适微表情图像的视觉特征和特征点位置特征；训练好的MERCNN模型，通过微表情识别，对人员所处热、声环境舒适状态进行评价，整体流程如图4.2所示，具体步骤如下：

（1）将FMETE数据库中，气候室环境采集的舒适、不舒适环境中微表情图像，分为训练样本、验证样本和测试样本；

（2）通过实验确定MERCNN结构，随机初始化MERCNN权值，在不同结构参数下训练MERCNN网络，最终根据验证样本

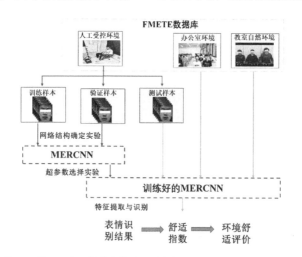

图4.2 基于组合网络微表情识别的室内环境舒适性评价方法流程图

集错误率确定MERCNN结构；

（3）用训练样本集，在不同超参数训练MERCNN模型，当网络误差收敛为设定的阈值时训练结束；

（4）训练好的MERCNN识别气候室环境、教室自然环境和办公室环境中微表情图像，模型输出为判定该环境舒适状态为"不舒适"的概率；

（5）根据识别概率得到舒适性指数，由舒适性指数评价该热、声环境的舒适性。当舒适性指数介于0.5～1时，判定该环境为不舒适；舒适性指数介于0～0.5时，该环境被判定为舒适。

通过第2章的分析可知，不同热、声环境中，人员面部微表情存在差异，面部标注的51个特征点位置也会发生偏移，基于以上原因，MERCNN模型由视觉特征提取模块（Visual Feature Extraction Model，VFEM）和特征点位置特征提取模块（Position Feature Extraction Model，PFEM）组合而成。MERCNN模型结构如图4.3所示，下面就视觉特征和位置特征提取模块，结构及超参数选择过程进行具体介绍。

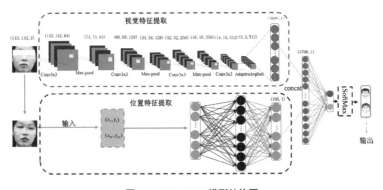

图4.3　MERCNN模型结构图

1.视觉特征提取模块

视觉特征提取模块，主要学习不同热、声环境中面部微表情视觉特征，该模块基于卷积神经网络CNN完成。目前有很多经典的卷积神经网络模型，如AlexNet[211]、GoogLeNet[212]和VGG NET等，其中AlexNet包含8层结构，5个卷积层和3个全连接层，除最后一层用于分类外，其余两个全连接层均有4096个神经元，参数较多。GoogLeNet主体卷积部分使用了5个模块，有22个卷积层，结构复杂。常用的VGG Net有Vgg16[213]和Vgg19[214]，分别包含13和16个卷积层，结构庞大。这些经典卷积神经网络模型，虽然可以保证评价模型准确率，但要以庞大的计算量和计算时间长为代价，难以兼顾实时性。

本节设计的模型，通过面部微表情识别进行实时环境舒适和不舒适的分类问题，不仅需要保证评价结果准确性，还需要保证评价结果时效性，上述经典模型不适合解决本问题。因此，本节设计的网络结构，在保证判别准确率前提下，尽可能降低网络复杂度、提高效率。

（1）网络结构的选择

视觉特征提取网络VFEM，是一个包含4个隐含层的CNN（一个卷积层与一个池化层构成一个隐层），第1、2、3和4个卷积层的卷积核个数分别为64、128、256、512。其中，前三个卷积层都连接一个2×2最大池化层，第四个卷积连接一个3×3的自适应平均池化层。

为加快网络收敛，所有卷积层后都添加了批归一化（BatchNorm，BN）层，BN是一种正则化方法。深度学习尤其是卷积需要对数据进行归一化处理，深度神经网络主要是学习训练数据分布，并在测试集上达到很好的泛化效果，但数据经过每层卷积层和激活层后，其数据分布发生变化，这种现象称为内部协变量移位（Internal Covariate Shift），从而导致反向传播时低层神经网络的梯度消失，使得神经网络收敛慢。BN就是通过一定的规范化手段，把每层神经网络任意神经元输入值分布，强行拉回到均值为0方差为1的标准正态分布，会激活输入值落在非线性函数比较敏感的区域，这样输入较小变化就会导致损失函数较大变化，梯度变大，避免梯度消失，从而加快训练速度。BatchNorm是对每个Batch数据同时做归一化，具体步骤如公式（4-1）～公式（4-4）。首先，求出每批次m个数据$x_1 \cdots x_m$的均值μ_β：

$$\mu_\beta = \frac{1}{m} \sum_{i=1}^{m} x_i \tag{4-1}$$

然后，求出该批次数据的方差σ_β：

$$\sigma_\beta = \frac{1}{m} \sum_{i=1}^{m} (x_i - \mu_\beta)^2 \tag{4-2}$$

根据均值和方差对数据x_i进行归一化得到$\hat{x}_i$：

$$\hat{x}_i = \frac{x_i - \mu_\beta}{\sqrt{\sigma_\beta + \varepsilon}} \tag{4-3}$$

其中ε是一个小正数。

最后，为保持原有数据的分布，引入缩放和平移变量γ和β，对归一化数据进行平移和缩放，得到最终归一化后的数据y_i，见公式（4-4）。

$$y_i = \gamma \hat{x}_i + \beta \tag{4-4}$$

　　每层使用的激活函数均为ReLu函数，网络训练应用交叉熵损失（Cross Entropy）和随机梯度下降法（Stochastic Gradient Desent，SGD）。其中，损失函数（Loss Funciton）又被称为代价函数（Cost Function），用来评价数据估计值与真实值之间差异。损失函数是一个非负实数值函数，在深度神经网络进行分类任务时，经常使用交叉熵损失函数（Cross Entropy Loss），交叉熵主要用于度量两个概率分布间的差异性，其表达式如公式（4-5）所示。

$$Loss = -\frac{1}{m}\sum_{i=1}^{m}\sum_{j=1}^{n} p(x_{ij})\log(q(x_{ij})) \tag{4-5}$$

　　其中，m 为样本个数，$p(x_{ij})$ 为期望输出概率值，$q(x_{ij})$ 为实际输出概率值。交叉熵在机器学习中，能够衡量真实概率分布与预测概率分布之间的差异，交叉熵的值越小，模型预测效果越好。

　　卷积神经网络两大特点是感受野和权值共享，其中控制感受野范围的就是卷积核大小，适当尺寸的卷积核可以更加突出局部像素间的相关性。在该部分依次选择不同卷积核尺寸进行实验，第一个卷积层卷积核大小分别为 1×1、3×3、5×5 和 7×7，其余三个卷积层卷积核尺寸固定为 3×3，测试验证集上的错误率 ER_1，根据 ER_1 选定第一层最优的卷积核尺寸；改变第二层卷积层的卷积核尺寸，第三、四层卷积核尺寸固定为 3×3，测试验证集上的错误率 ER_2，第二层卷积层卷积核尺寸根据 ER_2 选定最优尺寸，重复上述步骤，可以依次选定第三、四层卷积层的最优卷积核尺寸。在所有上述实验中，学习率（Learning Rate）为 0.1，批尺寸（Batch Size）为 256，Epoch 为 25，结果如表4.2所示。各卷积层卷积核个数分别为 64、128、256 和 512，卷积核大小为3×3时的视觉特征提取网络性能最优。

综上，本书最终确定的是4个隐层，每个卷积层卷积核个数为64, 128, 256, 512，卷积核大小均为3×3，具体参数如表4.3所示。

不同卷积核大小情况验证集错误率　　　表4.2

卷积核大小	1×1	3×3	5×5	7×7
ER_1	0.79%	0.34%	0.51%	0.56%
ER_2	0.56%	—	0.45%	0.51%
ER_3	0.73%		0.51%	0.56%
ER_4	0.84%	—	0.45%	0.67%

微表情识别网络结构参数　　　表4.3

类型	参数信息	输出尺寸
输入		$144 \times 144 \times 3$
卷积层1	$f=3$；$s=1$；$d=64$	$142 \times 142 \times 64$
批归一化		$142 \times 142 \times 64$
激活函数	ReLu	$142 \times 142 \times 64$
池化层	$f=2$；$s=2$；$p=$Max	$71 \times 71 \times 64$
卷积层2	$f=3$；$s=1$；$d=128$	$69 \times 69 \times 128$
批归一化		$69 \times 69 \times 128$
激活函数	ReLu	$69 \times 69 \times 128$
池化层	$f=2$；$s=2$；$p=$Max	$34 \times 34 \times 128$
卷积层3	$f=3$；$s=1$；$d=256$	$32 \times 32 \times 256$
批归一化		$32 \times 32 \times 256$
激活函数	ReLu	$32 \times 32 \times 256$
池化层	$f=2$；$s=2$；$p=$Max	$16 \times 16 \times 256$
卷积层4	$f=3$；$s=1$；$d=512$	$8 \times 8 \times 512$

类型	参数信息	输出尺寸
批归一化		$8 \times 8 \times 512$
激活函数	ReLu	$8 \times 8 \times 512$
池化层	$f=3$; p=AAVG	$1 \times 1 \times 512$
Flatten层		512×1
FC	100	100

说明：f为卷积核或池化窗口大小，s为步长，d为卷积核个数，p为池化操作的类型。MAX为最大值池化，AAVG（Adaptive Average Pool）为自适应平均值池化。

（2）网络参数选择

网络参数有学习率、批尺寸和周期，它们的设置会对网络训练收敛造成很大影响。批尺寸最小值是单样本训练，所谓单样本训练就是每次向网络投入一个样本，使用单样本训练网络会导致误差梯度调整方向不确定，网络收敛困难。批尺寸最大值是全样本训练，就是每次将全部样本投入网络进行训练，由于很难在全样本范围内，确定一个适合所有样本的学习率，此时容易陷入局部最优。适当的批尺寸大小能够有助于梯度下降方向的确定；学习率是进行权值调整的幅度，学习率过大，权值调整步长过长可能，造成网络震荡难以收敛，学习率过小收敛速度过慢还容易陷入局部最优解。

1）学习率的选择

该实验选取批尺寸为256，分别设置学习率lr为0.01、0.1和1，在25个Epoch内计算验证集错误率，结果如图4.4所示。当学习率lr=0.1时，错误率收敛最快，其对应错误率最低。因此，本书最终选择的学习率为0.1。

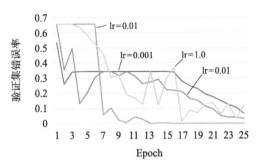

图4.4 不同学习率下验证集错误率

2）批尺寸的选择

设置学习率为0.1，分别设置批尺寸Batch Size为64、128和256，在25个Epoch内测试验证集错误率，结果如图4.5所示。当Batch Size越小时，验证集的错误率下降越快，错误率曲线越不稳定，如在第15个Epoch时，Batch Size=64的错误率出现回弹，因此，考虑到CNN的稳定性，本书最终选取的批尺寸大小为128。

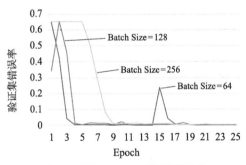

图4.5 不同Batch Size的错误率曲线

3）训练周期的选择

分别建立学习率为0.1、批尺寸为128后，训练周期（Epoch）

分别为26至30的5个网络，计算验证集错误率ER_1及测试集错误率ER_2。由表4.4可知，当Epoch=29时，验证集和测试集的错误率均最低。因此，本书最终选定训练周期为29。

验证集和测试集在不同周期下的错误率　表4.4

Epoch	26	27	28	29	30
ER_1	0.81%	0.78%	0.82%	0.32%	0.78%
ER_2	0.45%	0.95%	0.67%	0.06%	0.84%

通过上述三个实验确定了网络训练的相关参数，学习率lr=0.1、批尺寸Batch Size=128、训练周期Epoch=29，训练好网络模型损失函数曲线见图4.6，可以看出训练好模型可以很好地收敛。

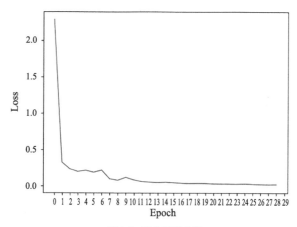

图4.6　损失函数曲线

2.特征点位置特征提取模块

由图4.7可以看出面部眼睛、鼻子和嘴巴区域共标注出51个特征点，将51个特征点从1～51进行编号，用坐标表示特征点位置信息，$(x_1，y_1)$为编号i特征点坐标。将特征点坐标按顺序排列，组成特征向量$X=(x_1，y_1，x_2，y_2，\cdots，x_{51}，y_{51})$，$X$为位置特征提取模块的输入。位置特征提取模块PFEM由三个全连接层组成，神经元数量依次为100、200、100，激活函数为ReLu，具体结构如图4.3所示。

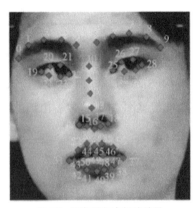

图4.7   面部特征点标注结果

3. 多源信息融合

多源信息融合是利用一定的融合规则，将不同类型的数据进行综合处理而得到最终结果[215]。多通道数据融合可以有效改善单通道数据局限性和不足，充分利用各种数据优势，从而增加系统稳定性、提高系统整体性能和抗干扰能力。根据切入时间的不同，融合方式主要分为数据融合、特征融合和决策融合（图4.8）。

本节主要利用面部微表情视觉特征和特征点位置特征这两种类型数据构建面部微表情识别系统。由于视觉特征和位置特征属于不同类别信号，不适用于信号级数据融合。

　　采用特征级融合方式构建了基于视觉和位置特征融合的表情识别模型MERCNN，该模型将视觉特征与特征点位置特征进行拼接，构成表情识别的最终特征。

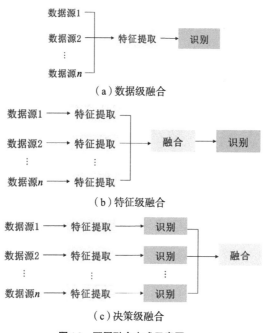

图4.8　不同融合方式示意图

　　基于视觉和位置特征决策融合的微表情识别模型（Visual-Position Decision Fusion Network，VPDFN），该模型分别基于视觉特征和位置特征建立相应的分类器，将两个分类的识别结果通过D-S（Dempster/Shafter）证据理论进行融合。

　　D-S证据理论是一种用来处理不确定性信息的数学方法，该方法对于不完整性、不确定性和非精确性问题处理有较好效果。

对由视觉特征和特征点位置特征提取模块提取的特征进行分类，结果分别记为 F_1 和 F_2。利用两个单模态分类器 (C_1, C_2) 计算出基本分配概率（Basic Probability Assignment，BPA），然后通过公式（4-6）所示函数，将 C_1，C_2 加工成新的证据 C。

$$C(F) = \begin{cases} \dfrac{1}{1-L} \displaystyle\sum_{F_1 \cap F_2 = F} C_1(F_1) \cdot C_2(F_2) & F \neq \varnothing \\ 0 & F = \varnothing \end{cases} \quad (4\text{-}6)$$

其中，$C(F)$ 表示证据对类别 F 的基本支持度，$1/(1-L)$ 为归一化因子，L 为冲突因子 $L \in [0, 1]$，如公式（4-7）所示：

$$L = \sum_{F_1 \cap F_2 = \varnothing} C_1(F_1) \cdot C_2(F_2) \quad (4\text{-}7)$$

为验证两种融合策略下模型性能，用气候室环境、教室自然环境和办公室环境微表情数据进行验证。以调查问卷结果为基准，两种融合策略模型对各环境舒适性评价，结果准确率如表4.5所示。

特征级、决策级融合模型性能对比　　　　表4.5

模型	气候室环境						教室	办公室
	18℃、80dB噪声	18℃、无噪声	24℃、80dB噪声	24℃、无噪声	30℃、80dB噪声	30℃、无噪声		
VPDFN	94.12%	91.18%	88.24%	91.18%	96.32%	96.32%	83.87%	92.86%
MERCNN	95.59%	94.85%	90.44%	96.32%	100%	100%	90.32%	95.72%

可以看出，MERCNN模型对气候室环境、教室自然环境和办公室环境的舒适性评价准确率更高。因此，本书最终选择特征级融合策略，进行双模态数据融合。MERCNN模型最终训练的

Loss曲线如图4.9所示。

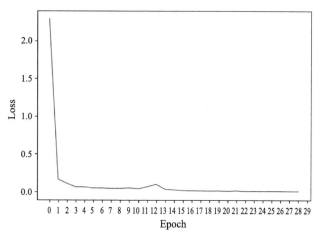

图4.9　MERCNN模型Loss曲线

第3节　模型性能测试及结果分析

为验证MERCNN模型性能，本节将从以下几个方面对MERCNN模型性能进行评价：

（1）利用MERCNN模型评价气候室环境、教室自然环境和办公室环境状态的舒适性，评价结果与主观问卷和PMV模型的结果进行比对；

（2）利用准确率、精度、召回率和F1-Score，评估MERCNN模型性能；

（3）通过消融实验进一步验证MERCNN模型性能。

1. MERCNN模型和主观问卷评价结果的不舒适百分比

热舒适评价PMV指标，代表同一热环境下绝大多数人的感觉，但是人与人之间存在差异，因此PMV指标不一定能够代表某个人的感觉。Fanger[218]又提出了预测不满意百分比PPD（Predicted Percentage of Dissatisfied）指标，来表示人群对热环境不满意百分比。依照该思想，对于热、声环境，分别定义MERCNN评价不舒适百分比PPD*$_{MERCNN}$和调查问卷不舒适百分比PPD*$_{问卷}$，PPD*$_{MERCNN}$和PPD*$_{问卷}$计算公式（4-8）：

$$P^*_{method} = \frac{不舒适人数}{总人数} \times 100\%, \ method \in \{MERCNN, 问卷\} \quad (4-8)$$

2. 模型评价指标

MERCNN模型执行一个二分类任务[219]，评价热、声环境状态为"舒适"或"不舒适"，总共有四种情况（表4.6）。如果一种舒适热、声环境，也被评价为舒适，即真舒适（True Comfort, TC）；如果不舒适热、声环境，被评价为舒适，称之为假舒适（False Comfort, FC）；相应地，如果不舒适热、声环境，被评价为不舒适，称之为真不舒适（True Uncomfort, TUNC）；舒适热、声环境，被评价为不舒适，称之为假不舒适（False Uncomfort, FUNC）。二分类结果的混淆矩阵见表4.6。

准确率是最常用模型评价指标，是指评价正确的结果占总样本的百分比，计算公式（4-9）：

$$准确率(Accuracy) = \frac{TC+TUNC}{TC+TUNC+FC+FUNC} \quad (4-9)$$

准确率可以判断评价结果总体正确率，当样本不平衡时，准确率并不是一个很好的衡量指标，因此派生出其他两个评价指标：精准率和召回率。

精准率（*Precision*），以本研究对象为例，它的含义是在所有被预测为舒适的环境中，主观问卷是舒适的概率，计算公式（4-10）：

$$精准率（Precision） = \frac{TC}{TC+FC} \qquad (4\text{-}10)$$

召回率（*Recall*），以本研究对象为例，它的含义是主观问卷为舒适的热、声环境，MERCNN模型评价也为舒适的概率，计算公式（4-11）：

$$召回率（Recall） = \frac{TC}{TC+FUNC} \qquad (4\text{-}11)$$

由公式（4-10）和公式（4-11）可以看出，精准率高时，召回率较低；而召回率高时，精准率偏低，为同时考虑精准率和召回率两个评价指标，使二者同时达到最高值，使用$F_1\text{-}Score$，定义公式（4-12）[220]：

$$F_1 - Score = 2 \times \frac{Precision \times Recall}{Precision + Recall} \qquad (4\text{-}12)$$

热、声环境舒适性评价结果混淆矩阵 表4.6

主观问卷结果	MERCNN评价结果	
	舒适	不舒适
舒适	TC（真舒适）	FUNC（假不舒适）
不舒适	FC（假舒适）	TUNC（真不舒适）

3. 气候室环境中面部微表情的模型性能测试

为测试MERCNN模型的性能，本书基于第2章第2节介绍的6种热、声组合工况，对该模型的预测结果与主观调查结果进行对比分析。依据第2章第2节视频采集频率，设置评价尺度窗口长度为5min，即对每5min内所有微表情图像进行识别；此外，为消除非实验控制因素对结果的影响，本书仅选取5～20min时段内的数据进行分析。下面对6种工况下两种类型的评价数据逐一分析，结果见图4.10～图4.21；在此基础上，为进一步分析MERCNN模型评价的准确率，本书以主观问卷结果为基准，对6种工况下不同时间段内MERCNN模型的评价准确率进行了分析，结果见表4.7～表4.12。

（1）18℃、80dB噪声环境下模型测试结果

如图4.10所示，在18℃、80dB噪声环境下，随着时间的推移，两种评价方法的结果逐渐趋于一致。暴露5min时，两种评价方法不舒适百分比相差8.8%左右，10min之后相差2.9%左右，当暴露时间为15min时，两条曲线完全吻合，评价结果基本一致。

为进一步探究性别对两种评价方法的影响，统计了该环境下男、女受试者主观问卷与模型评价结果（图4.11）。

总体来看，暴露15min后，两种评价方法对该环境舒适度的评价具有一致性，且均为"不舒适"。从不同时间段分析，所有受试者的主观评价结果15min后均"不舒适"，但对MERCNN模型而言，所有受试者出现"不舒适"时间为10min，这说明部分受试者主观投票为"舒适"时，其面部微表情表现为"不舒适"。

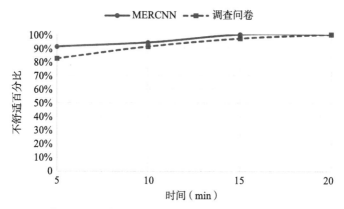

图4.10 18℃，80dB噪声环境下MERCNN评价与主观问卷不舒适百分比曲线

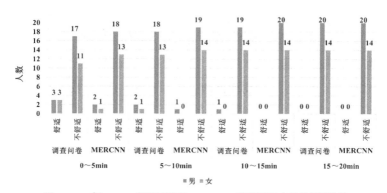

图4.11 18℃、80dB噪声环境下MERCNN评价及调查问卷结果统计

以上现象说明，较主观问卷，面部微表情对环境舒适度与否的评价反应更快。

从不同性别分析，对于女性受试者，两种方法评价结果一致的暴露时间为10min，而对于男性，为15min。产生以上现象的原因为：该工况温度为18℃，属于偏冷环境，女性受试者对冷刺激更敏感，面部微表情变化更快。

以主观调查问卷为基准，MERCNN模型对该环境状态舒适性评价的准确率，由表4.7可知，MERCNN模型可以较准确地评价在低温＋噪声环境下，人员热舒适状态。

18℃、80dB噪声环境下MERCNN模型评价准确率　表4.7
（以调查问卷为基准）

时间	0～5min	5～10min	10～15min	15～20min
Accuracy	91.18%	94.12%	97.06%	100%

（2）18℃、无噪声环境下模型测试结果

由图4.12可以看出，相比于18℃、80dB噪声环境，两种评价方法对18℃、无噪声环境下的人员舒适状态的评价差异略大。但无论如何，15min之后两条曲线的一致程度越来越高，且在20min时两条曲线吻合，两种方法的评价结果完全一致，且均为"不舒适"。值得注意的是，模型评价不舒适百分比曲线趋近100%的速度更快，说明面部微表情对于环境舒适性反应速度更快，对环境适应时间更短。

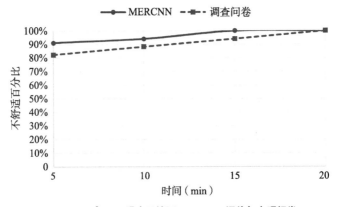

图4.12　18℃、无噪声环境下MERCNN评价与主观问卷
不舒适百分比曲线

统计该环境下男、女受试者主观问卷与模型评价结果如图4.13所示。20min时，主观问卷与MERCNN模型对该环境评价均为"不舒适"。以主观问卷为基准，20min时MERCNN模型对男、女受试者微表情识别，得到环境舒适性评价准确率为100%。此外，对于不同性别、不同时间段内两种方法的评价结论与18℃、80dB噪声环境下的类似。

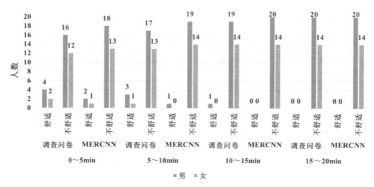

图4.13　18℃、无噪声环境下MERCNN评价及调查问卷结果统计

以主观调查问卷为基准，MERCNN模型对该环境状态舒适性评价准确率。由表4.8可知，通过面部微表情识别，可以较准确地评价低温、无噪声环境下人体热舒适状态。

18℃、无噪声环境下MERCNN模型评价准确率　表4.8
（以调查问卷为基准）

时间	0～5min	5～10min	10～15min	15～20min
Accuracy	91.18%	91.18%	97.06%	100%

（3）24℃、80dB噪声环境下模型测试结果

24℃、80dB噪声工况下，MERCNN模型与主观问卷不舒适百分比曲线（图4.14）。较18℃、80dB噪声和18℃、无噪声两种

环境，该工况环境下两种评价方法结果曲线的一致程度较低。这与该工况环境有关，此时热环境温度基本处于热中性温度，环境越接近中性区域，个体差异对舒适性评价结果的影响越大。有些受试者对噪声敏感，主观问卷评价为不舒适，而有些受试者对噪声不敏感，认为该环境可以忍受，主观问卷评价为舒适，这也是出现以上现象的原因。

MERCNN模型与主观问卷评价结果人数统计（图4.15）。对于女性受试者而言，20min后两种评价方法的结果一致，且均为"不舒适"。但对男性受试者，15～20min，两种评价方法的结果出现了偏差，2名受试者主观问卷评分为"舒适"时，用MERCNN模型评价为"舒适"的人数为0。以上结果表明，在偏热中性环境中，由于个体差异，主观问卷评价方法存在一定差异。虽然受试者主观感觉能够容忍噪声，但其面部微表情却发生了改变，此时面部表情表达了该环境下的真实情绪。

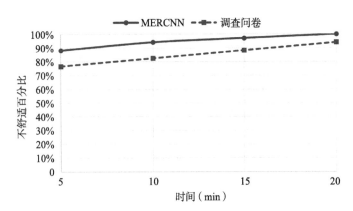

**图4.14   24℃、80dB噪声环境下MERCNN评价与主观问卷
不舒适百分比曲线**

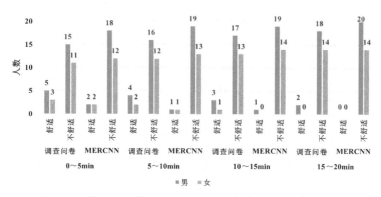

图4.15 24℃、80dB噪声环境下MERCNN评价及主观问卷结果统计

MERCNN评价准确率（表4.9）。可以看出，MERCNN模型可通过面部微表情识别准确、客观地评价偏热中性+噪声环境下人员的舒适性。

24℃、80dB噪声环境下MERCNN模型评价准确率　表4.9
（以主观问卷为基准）

时间	0~5min	5~10min	10~15min	15~20min
准确率	88.24%	88.24%	91.18%	94.12%

（4）24℃、无噪声境下模型测试结果

在24℃、无噪声工况下，MERCNN模型与主观问卷不舒适百分比曲线如图4.16所示。由图4.16可以看出，5min时两种方法不舒适百分比相差6%，10min以后相差3%。在该工况环境下，两种评价方法结果始终没有完全一致。

该工况下主观问卷与MERCNN模型评价结果统计（图4.17）。对于女性受试者，10min后两种评价方法最终达到一致，1名女性受试者主观问卷和MERCNN模型评价结果均为"不舒适"时，其余13名女性受试者主观问卷和MERCNN模型评价结

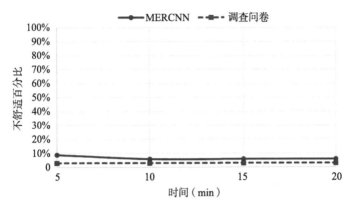

图4.16　24℃、无噪声环境下MERCNN评价与主观问卷
不舒适百分比曲线

果均为"舒适"。对于男性受试者，两种方法存在一定偏差，1
名男性受试者主观问卷为"舒适"时，MERCNN模型评价为"不
舒适"；其余19名男性受试者10min开始，两种评价方法结果一
致，且均为"舒适"。

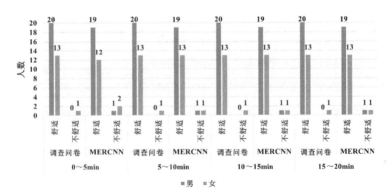

图4.17　24℃、无噪声环境下MERCNN评价及主观问卷结果统计

MERCNN模型对环境评价准确率（表4.10），可以看出在该工
况下，MERCNN评价模型也可以较准确、客观地评价环境舒适性。

24℃、无噪声环境下MERCNN模型评价准确率　表4.10
（以主观问卷为基准）

时间	0～5min	5～10min	10～15min	15～20min
准确率	94.12%	97.06%	97.06%	97.06%

（5）30℃、80dB噪声环境下模型测试结果

30℃、80dB噪声环境中，MERCNN模型与主观问卷不舒适百分比曲线（图4.18）。由图4.18可以看出，在该工况环境下，一开始两种评价方法不舒适百分比曲线完全吻合。此时温度为30℃，噪声为80dB，热、声环境均远离中性环境，说明越偏离中性环境，受试者对环境舒适性评价结果越一致，两种评价方法的一致程度越高。

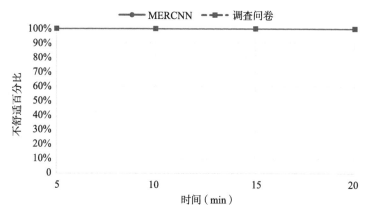

图4.18　30℃、80dB噪声环境下MERCNN评价结果与
调查问卷结果对比曲线

30℃、80dB噪声工况下，MERCNN模型与主观问卷方法评价结果人数统计（图4.19）。可以看出，5min后，所有受试者主观问卷与MERCNN评价结果一致。该环境偏离中性环境较远，

且存在较强声压级噪声，具有强烈不舒适感，导致受试者刚进入人工实验室，面部表情发生显著变化，因此MERCNN模型评价准确率很高，这说明越偏离中性环境，MERCNN评价方法性能越显现。

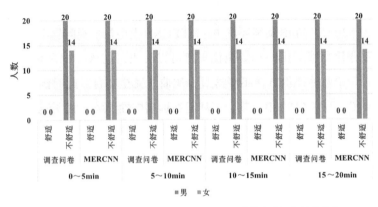

图4.19　30℃、80dB声环境下MERCNN评价及主观问卷结果统计

MERCNN评价准确率见表4.11。由于受试者在该工况环境下受到热、声环境刺激较强，面部表情变化明显，MERCNN模型评价正确率高。以上结果表明，热、声环境越偏离中性环境，MERCNN模型评价方法优势越显现。

30℃、80dB噪声工况下MERCNN模型评价准确率　表4.11
（以主观问卷为基准）

时间	0～5min	5～10min	10～15min	15～20min
准确率	100%	100%	100%	100%

（6）30℃、无噪声环境下模型测试结果

30℃无噪声环境中，MERCNN模型与主观问卷不舒适百分比曲线（图4.20）。图4.20中，5min后，MERCNN模型评价结果与调查问卷结果曲线完全吻合，再次说明越偏离中性环境，主观调查问卷与MERCNN模型评价方法一致程度越高。

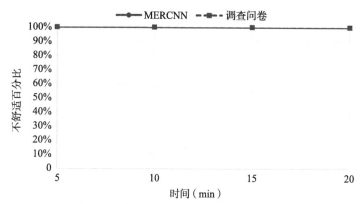

图4.20　30℃、无噪声环境下MERCNN评价结果与调查问卷结果对比曲线

该环境中主观调查问卷与MERCNN模型评价结果人数统计见图4.21。所有受试者从5min开始，主观问卷与MERCNN模型评价结果均为"不舒适"。30℃、80dB噪声环境和30℃、无噪声环境，主观问卷与MERCNN模型两种方法评价结果一致程度最

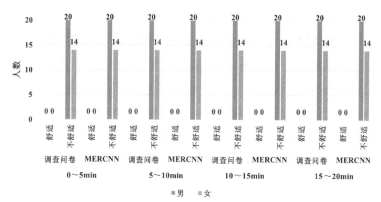

图4.21　30℃、无噪声环境下MERCNN评价及主观问卷结果统计

高，且5分钟后完全一致，说明越不舒适的环境，面部微表情变化越明显。

MERCNN模型评价准确率见表4.12，该工况虽然仅考虑环境温度，但MERCNN模型评价准确率仍为100%，说明热环境对人体舒适性影响更大，且刺激引起的面部微表情变化越明显，同时也说明越偏离中性环境，MERCNN模型评价方法优势越显现。

30℃、无噪声环境下MERCNN模型评价准确率　表4.12
（以主观问卷为基准）

时间	0~5min	5~10min	10~15min	15~20min
准确率	100%	100%	100%	100%

综上可知，微表情识别可有效地评价不同热、声环境中人员的舒适状态。人员在舒适或不舒适环境中，面部微表情存在差异，相比于主观问卷微表情对环境舒适性的反应速度更快、更具时效性。此外，环境越偏离中性，表情变化越明显，反应速度越快，MERCNN模型优势越显现。该结论与表情识别领域中一个重要结论不谋而合，即消极情绪比积极情绪更容易识别[221]。

（7）MERCNN模型评价结果与PMV模型热环境评价结果对比

气候室环境中，18℃、24℃和30℃无噪声环境，声环境为正常室内噪声，此时可认为仅由热环境影响整体舒适性。为进一步验证MERCNN模型性能，根据三种环境实测参数，计算了PMV模型的不舒适百分比PPD、MERCNN评价的不舒适百分比PPD^*_{MERCNN}和调查问卷的不舒适百分比$PPD^*_{问卷}$结果（图4.22）。

18℃、无噪声环境中，PPD^*_{MERCNN}趋近于PPD曲线的速度更快，15min后两条曲线重合；24℃无噪声环境中，PPD^*_{MERCNN}

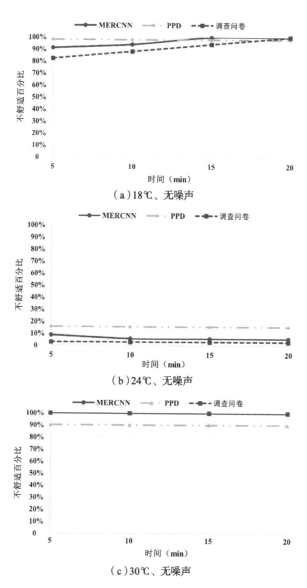

（a）18℃、无噪声

（b）24℃、无噪声

（c）30℃、无噪声

图4.22 MERCNN、PPD和主观调查问卷不舒适百分比曲线对比图

曲线10min后与PPD曲线重合；在这两种环境中，MERCNN模型评价结果与PMV模型结果更接近。30℃、无噪声环境中，PPD^*_{MERCNN}和$PPD^*_{问卷}$曲线完全一致，与PPD曲线存在4%的差距。

综上，MERCNN模型通过面部微表情识别，可以较准确评价环境状态的舒适性，基于面部微表情识别的热、声环境舒适性评价方法是有效的。

（8）气候室环境下MERCNN模型性能测试

通过准确率（*Accuracy*）、精准率（*Precision*）、召回率（*Recall*）和*F1-Score*等指标，对气候室环境下MERCNN模型性能进行测试。通过上述分析可以看出，经过15min环境适应期，主观问卷与MERCNN评价结果均趋于稳定，因此仅以15~20min模型评价结果（以主观问卷为基准），计算准确率（*Accuracy*）、精准率（*Precision*）、召回率（*Recall*）和*F1-Score*，结果如表4.13所示，MERCNN评价结果混淆矩阵如图4.23所示。MERCNN模型对气候室环境舒适性评价准确率较高，能够通过面部微表情识别进行环境舒适性评价。

气候室环境下MERCNN模型各评价指标　　　表4.13

模型	*Accuracy*	*Precision*	*Recall*	*F1-Score*
MERCNN	98.53%	100%	91.43%	95.52%

4. 基于教室自然环境面部微表情的模型性能测试

MERCNN模型识别单人微表情视频数据，进行环境舒适性评价是有效的，但现实室内环境如教室，人们通常是聚集性出现。为验证模型性能，利用MERCNN模型对教室自然环境中多人微表情识别，以评价环境状态的舒适性。

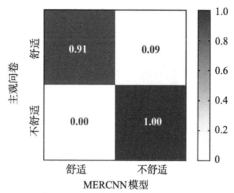

图4.23 气候室环境下MERCNN评价结果混淆矩阵

31名受试者在教室环境经过30min环境适应期，采集了时长为60s的多人表情视频数据。为验证MERCNN模型性能，用MERCNN对每位受试者每秒提取的微表情图像进行识别，得到该受试者舒适性指数，选取4位受试者60s内舒适性指数变化曲线（图4.24）。可以看出受试者1和受试者2，舒适性指数在0～0.5波动，受试者3和受试者4，其舒适性指数在0.5～1波动，MERCNN模型评价受试者1和2，环境状态为舒适，受试者3和4环境状态为不舒适。

每位受试者60s舒适性指数均值、MERCNN对每位受试者所处环境状态舒适性评价结果，受试者主观调查问卷结果如表4.14所示。教室环境汇总27名受试者舒适性指数均值小于0.5，MERCNN评价结果为舒适，受试者主观问卷评价结果也为舒适；1名受试者MERCNN评价结果为不舒适，主观调查问卷也为不舒适；只有3名受试者MERCNN评价结果与其调查问卷结果不一致。以主观调查问卷为基准，MERCNN模型评价结果准确率为90.32%，说明MERCNN模型通过面部微表情识别可以较准确

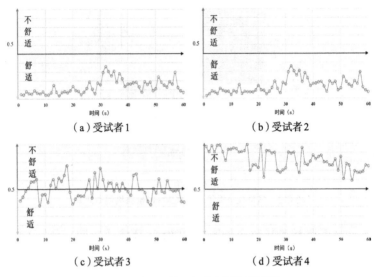

（a）受试者1　　　　　　　　（b）受试者2

（c）受试者3　　　　　　　　（d）受试者4

图4.24　教室环境下各受试者舒适性指数

教室环境MERCNN和主观调查问卷结果　　　　表4.14

受试者	舒适性指数均值	MERCNN评价结果	主观调查问卷结果
受试者1	0.1355	舒适	舒适
受试者2	0.1383	舒适	舒适
受试者3	0.1604	舒适	舒适
受试者4	0.0013	舒适	舒适
受试者5	0.0059	舒适	舒适
受试者6	0.0192	舒适	舒适
受试者7	0.3705	舒适	舒适
受试者8	0.0610	舒适	舒适
受试者9	0.0194	舒适	舒适
受试者10	0.5025	**不舒适**	**舒适**
受试者11	0.8223	**不舒适**	**舒适**

续表

受试者	舒适性指数均值	MERCNN评价结果	主观调查问卷结果
受试者12	0.0856	舒适	舒适
受试者13	0.3100	舒适	舒适
受试者14	0.4228	舒适	舒适
受试者15	**0.6724**	**不舒适**	**不舒适**
受试者16	0.4232	舒适	舒适
受试者17	0.3791	舒适	舒适
受试者18	0.3421	舒适	舒适
受试者19	0.3582	舒适	舒适
受试者20	0.3705	舒适	舒适
受试者21	0.3435	舒适	舒适
受试者22	0.2145	舒适	舒适
受试者23	0.3120	舒适	舒适
受试者24	**0.6573**	**不舒适**	**舒适**
受试者25	0.4532	舒适	舒适
受试者26	0.1243	舒适	舒适
受试者27	0.2367	舒适	舒适
受试者28	0.4120	舒适	舒适
受试者29	0.1785	舒适	舒适
受试者30	0.2176	舒适	舒适
受试者31	0.1265	舒适	舒适

评价该教室自然环境状态的舒适性。

　　教室自然环境采集面部表情时，室内为正常噪声，可以仅考虑热环境对舒适度影响，因此MERCNN模型评价结果可以与热环境评价模型PMV结果进行比较。室内温度为24℃、相对湿度56%、相对风速0.2m/s、服装热阻0.57clo、代谢率1met时计算得到PMV指标为-0.79，进一步计算得到PPD=18.16%，PPD^*_{MERCNN}、$PPD^*_{问卷}$和PPD结果对比见图4.25。MERCNN模型不舒适百分比为12.90%，与PPD结果更一致。MERCNN与主观调查问卷的不舒适百分比曲线存在一定差异，由于该教室环境是偏热中性环境，对偏热中性环境评价时，个体差异会对评价结果产生较大影响，但MERCNN对于大部分受试者是有效的。

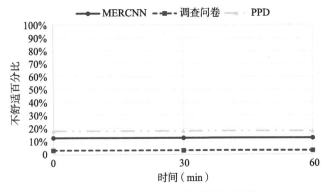

图4.25　各种评价方法不舒适百分比曲线

教室自然环境下，MERCNN模型评价结果的准确率（Accuracy）、精准率（Precision）、召回率（Recall）和F1-Score（表4.15），以主观问卷为基准，MERCNN评价结果混淆矩阵（图4.26），各指标均在90%以上，说明MERCNN模型可以较准确评价该教室自然环境状态的舒适性。

教室自然环境下MERCNN模型各评价指标　　表4.15

模型	Accuracy	Precision	Recall	F1-Score
MERCNN	90.00%	100%	90.00%	94.74%

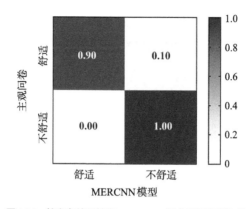

图4.26 教室自然环境下MERCNN评价结果混淆矩阵

5.基于办公室环境面部微表情的模型性能测试

办公室也是人员经常聚集出现的室内场所,为验证MERCNN模型性能,在两种办公室环境进行了实验,一种是冬季无空调加热、正常室内噪声;另一种是冬季有空调加热、正常室内噪声。35名受试者经过30min环境适应后,以多人视频形式采集了3min表情视频数据。MERCNN模型对预处理后的表情图像进行识别,下面分别分析MERCNN模型对两种办公环境舒适性评价结果。

(1)无空调加热、正常室内噪声办公室环境下模型性能测试

面部表情采集时,环境参数分别为室内温度16.3℃、相对湿度40.2%、相对风速0.2m/s,受试者服装热阻1.14clo、代谢率1met。用MERCNN对每位受试者每秒提取的表情图像进行识别,得到该受试者舒适性指数,可以得到每位受试者在180s内舒适性指数变化曲线,挑选4名具有代表性的受试者舒适性指数(图4.27)。经统计24名受试者舒适性指数在0.8~1之间波动,

他们舒适性曲线变化（图4.27a、图4.27b和图4.27d），9名受试者舒适性指数在0～0.3之间波动，他们舒适性曲线变化见图4.27(c)。

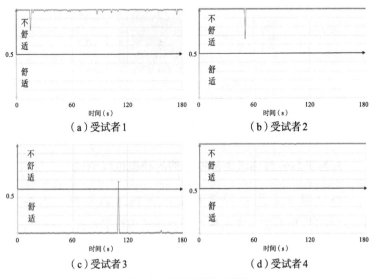

（a）受试者1 　　　　　　（b）受试者2

（c）受试者3 　　　　　　（d）受试者4

图4.27　舒适性指数曲线图

每位受试者180s舒适性指数均值，作为环境舒适性评价依据，每位受试者舒适性指数均值、MERCNN对每位受试者所处环境舒适性评价结果、受试者主观调查问卷结果见表4.16。

受试者平均舒适性指数、MERCNN和主观调查问卷结果　表4.16

受试者	舒适性指数均值	MERCNN评价结果	调查问卷结果
受试者1	1.0000	不舒适	不舒适
受试者2	1.0000	不舒适	不舒适
受试者3	1.0000	不舒适	不舒适
受试者4	1.0000	不舒适	不舒适

受试者	舒适性指数均值	MERCNN 评价结果	调查问卷结果
受试者 5	1.0000	不舒适	不舒适
受试者 6	1.0000	不舒适	不舒适
受试者 7	1.0000	不舒适	不舒适
受试者 8	1.0000	不舒适	不舒适
受试者 9	1.0000	不舒适	不舒适
受试者 10	1.0000	不舒适	不舒适
受试者 11	0.9998	不舒适	不舒适
受试者 12	0.9977	不舒适	不舒适
受试者 13	0.9953	不舒适	不舒适
受试者 14	1.0000	不舒适	不舒适
受试者 15	0.9999	不舒适	不舒适
受试者 16	1.0000	不舒适	不舒适
受试者 17	1.0000	不舒适	不舒适
受试者 18	1.0000	不舒适	不舒适
受试者 19	1.0000	不舒适	不舒适
受试者 20	0.9981	不舒适	不舒适
受试者 21	1.0000	不舒适	不舒适
受试者 22	0.0034	舒适	舒适
受试者 23	0.0651	舒适	舒适
受试者 24	0.0006	舒适	舒适
受试者 25	**0.2537**	**舒适**	**不舒适**
受试者 26	0.8685	不舒适	不舒适
受试者 27	0.9999	不舒适	不舒适
受试者 28	0.4371	舒适	舒适
受试者 29	0.0048	舒适	舒适

续表

受试者	舒适性指数均值	MERCNN评价结果	调查问卷结果
受试者30	0.0070	舒适	舒适
受试者31	0.3240	舒适	舒适
受试者32	0.0452	舒适	舒适
受试者33	0.0014	舒适	舒适
受试者34	**0.0106**	**舒适**	**不舒适**
受试者35	0.6247	不舒适	不舒适

在该教室环境下24名受试者舒适性指数均值大于0.5，MERCNN评价结果为不舒适，受试者主观问卷结果也为不舒适；9名受试者平均舒适性指数小于0.5，MERCNN评价结果为舒适，受试者主观问卷评价结果也为舒适；2名受试者MERCNN评价结果与其调查问卷结果不一致，MERCNN模型对这两位受试者所处环境评价为舒适，其调查问卷结果为不舒适。但对于大部分受试者，MERCNN评价结果与调查问卷结果一致，以主观调查问卷为基础，MERCNN模型评价准确率为94.29%。

分别计算了PPD、PPD$^*_{问卷}$和PPD$^*_{MERCNN}$结果（图4.28），可以看出PPD$^*_{MERCNN}$与PPD差值更小，说明MERCNN模型也适用于评价该办公室环境状态的舒适性。

（2）空调加热、正常室内噪声的办公室环境下模型性能测试

面部表情采集时，该环境参数分别为室内温度22℃、相对湿度40.2%、相对风速0.2m/s，受试者服装热阻1.14、代谢率1met。用MERCNN对每位受试者每秒提取的表情图像进行识别，得到该受试者舒适性指数，可以得到每位受试者在180s内舒适性指数变化曲线，随机选择4名受试者舒适性指数（图4.29）。

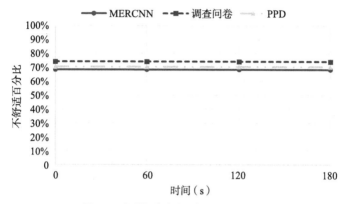

图4.28　各种评价方法不舒适百分比曲线

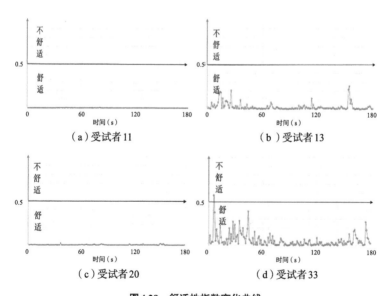

图4.29　舒适性指数变化曲线

每位受试者180s舒适性指数均值，作为环境舒适性评价的依据，每位受试者舒适性指数均值、MERCNN对每位受试者所处环境舒适性评价结果、受试者主观调查问卷结果见表4.17。在该教室环境下34名受试者舒适性指数均值小于0.5，MERCNN评价结果为舒适，受试者主观问卷评价结果也为舒适。只有1名受试者MERCNN评价结果与其调查问卷结果不一致，MERCNN模型对这位受试者所处环境评价为不舒适，其调查问卷结果为舒适，但对于大部分受试者来说MERCNN模型是有效的。以主观调查问卷为基础，MERCNN模型评价准确率为97.14%。

受试者平均舒适性指数、MERCNN和主观调查问卷结果　表4.17

受试者	舒适性指数均值	MERCNN评价结果	调查问卷结果
受试者1	**0.5734**	**不舒适**	**舒适**
受试者2	0.0002	舒适	舒适
受试者3	0.0012	舒适	舒适
受试者4	0.0000	舒适	舒适
受试者5	0.0005	舒适	舒适
受试者6	0.0075	舒适	舒适
受试者7	0.0000	舒适	舒适
受试者8	0.0000	舒适	舒适
受试者9	0.0017	舒适	舒适
受试者10	0.0002	舒适	舒适
受试者11	0.0001	舒适	舒适
受试者12	0.0024	舒适	舒适
受试者13	0.0242	舒适	舒适
受试者14	0.0000	舒适	舒适
受试者15	0.0013	舒适	舒适

续表

受试者	舒适性指数均值	MERCNN评价结果	调查问卷结果
受试者16	0.0025	舒适	舒适
受试者17	0.0000	舒适	舒适
受试者18	0.0103	舒适	舒适
受试者19	0.0003	舒适	舒适
受试者20	0.0021	舒适	舒适
受试者21	0.0071	舒适	舒适
受试者22	0.0007	舒适	舒适
受试者23	0.0000	舒适	舒适
受试者24	0.0057	舒适	舒适
受试者25	0.0163	舒适	舒适
受试者26	0.0029	舒适	舒适
受试者27	0.0007	舒适	舒适
受试者28	0.0470	舒适	舒适
受试者29	0.0812	舒适	舒适
受试者30	0.0005	舒适	舒适
受试者31	0.0914	舒适	舒适
受试者32	0.0121	舒适	舒适
受试者33	0.0650	舒适	舒适
受试者34	0.0574	舒适	舒适
受试者35	0.0026	舒适	舒适

分别计算了PPD、$PPD^*_{问卷}$和PPD^*_{MERCNN}结果（图4.30）。计算得到PPD=8.01%、PPD^*_{MERCNN}=2.86%、$PPD^*_{问卷}$=0，可以看出MERCNN模型对该环境舒适性评价结果与PMV模型更接近，说明MERCNN模型适用于评价该环境状态的舒适性。

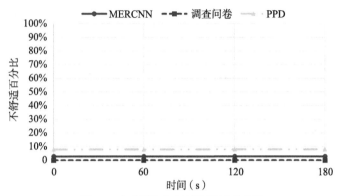

图4.30 各种评价方法不舒适百分比曲线

（3）办公室环境下基于各评价指标的模型性能测试

办公室环境下，MERCNN模型评价结果的准确率（*Accuracy*）、精准率（*Precision*）、召回率（*Recall*）和*F1-Score*各评价指标结果（表4.18），以主观问卷为基准，MERCNN评价结果混淆矩阵（图4.31）。可以看出，各评价指标均高于95%，说明MERCNN模型可以较准确地评价办公室环境状态的舒适性。

办公室环境下MERCNN模型各评价指标　　表4.18

模型	*Accuracy*	*Precision*	*Recall*	*F1-Score*
MERCNN	95.71%	95.56%	97.73%	96.63%

6. 视觉特征、位置特征识别模块和组合网络性能对比

MERCNN模型由视觉特征提取模块（Visual Feature Extraction Model，VFEM）和位置特征提取模块（Position Feature Extraction Model，PFEM），经过特征级融合而得到。本实验分别以视觉特征提取模块和位置特征提取模块，为消融变量进行消融实验。

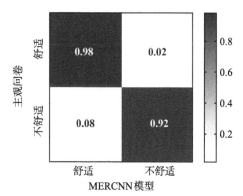

图4.31 办公室环境下MERCNN评价结果混淆矩阵

随机从教室环境、办公室环境分别选取一名受试者,两名受试者对环境状态的主观评价结果均为"舒适",由三种模型得到的受试者舒适性指数曲线(图4.32)。三种模型得到的两名受试者,舒适性指数均在0~0.5波动,三种模型对受试者所处的教室和办公室环境状态评价结果为舒适(调查问卷结果也为舒适)。可以看出视觉特征提取模块VFEM和位置特征提取模块PFEM,得到的舒适性指数曲线波动较大,且曲线整体幅值均高于MERCNN模型,说明MERCNN模型结果,更接近于调查问卷结果,MERCNN模型的精度更高,这也说明同时考虑面部表情的视觉特征和特征点位置特征,能够提高模型整体性能。

使用视觉特征提取模块VFEM、位置特征提取模块PFEM和视觉+位置特征提取模型MERCNN,评价气候室环境、教室自然环境和办公室环境状态的舒适性,以主观调查问卷为基准结果见表4.19。可以看出,无论哪种环境实验,MERCNN模型准确率最高。

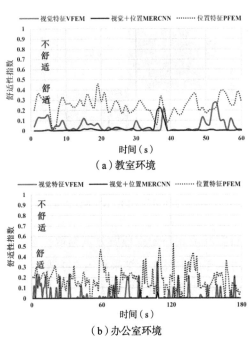

图4.32 三种模型得到的舒适性指数曲线

消融实验结果（以主观调查问卷为基准） 表4.19

| 模型 | 气候室环境 | | | | | | 教室 | 办公室 | |
	18℃、80dB噪声	18℃、无噪声	24℃、80dB噪声	24℃、无噪声	30℃、80dB噪声	30℃、无噪声		无加热	空调加热
VFEM	91.18%	91.18%	88.24%	94.12%	100%	100%	87.10%	88.57%	91.43%
PFEM	85.29%	82.35%	85.29%	85.29%	94.12%	94.12%	83.87%	85.71%	88.57%
MERCNN	100%	100%	94.12%	97.06%	100%	100%	90.32%	94.29%	97.14%

由第2章研究发现，不同热、声环境中，面部表情会发生改变，但大多数情况面部表情变化不会特别夸张，如果单纯利用面部特征点位置特征，进行表情识别，会影响识别准确率，因此应

该同时考虑微表情的视觉特征。MERCNN模型能够同时提取微表情视觉特征和面部特征点的位置特征，因此MERCNN模型性能明显优于单独使用视觉特征提取模块VFEM和位置特征提取模块PFEM。

第4节　本章小结

本章构建基于组合网络表情识别的室内环境舒适性评价模型MERCNN，该模型由视觉特征提取模块和特征点位置提取模块组合而成。采用MERCNN模型能够精准地识别气候室环境、教室自然和办公室环境中人员的面部微表情，从而较准确地评价各环境状态的舒适性。MERCNN评价模型可通过表情识别获取人员的真实感受，能够实时反馈人员对环境状态的满意程度，避免了主观问卷的主观性，这种无接触式、实时反馈评价方法能够成为提供实时舒适室内环境的保障。

第 5 章

热、声环境舒适性智能评价系统及应用

　　第4章建立了基于组合网络微表情识别的室内环境舒适性评价模型，通过实验结果可以看出，该模型可以通过面部微表情识别来评价室内环境状态的舒适性。但该模型的操作需要具备一定专业知识的专业人员完成，为了增加模型的实用性与推广性，本章将算法进行集成，搭建一个界面友好的基于微表情识别的室内环境舒适性智能评价系统。该系统能够满足对室内环境舒适性实时监测的需要，不需要专业技术人员操作，只需将采集到的面部表情视频数据载入，或连接实时图像采集设备，选择需要对环境评价的时间窗口，就可以通过面部微表情识别，评价环境状态的舒适性。

第1节　系统设计

　　本章设计的室内环境智能评价系统，主要以第4章基于组合网络微表情识别的室内环境评价模型MERCNN为核心，在此基础上增添了模糊图像、闭眼图像和非正面图像自动筛选功能，并且提供了实时数据采集设备接口，能够做到对环境的实时监测，监测结果在可视化设备上进行显示，智能评价系统流程见图5.1。下面详细介绍基于表情识别环境舒适性智能评价系统的功能及测试结果。

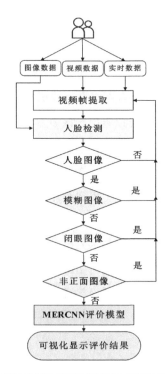

图5.1 基于表情识别环境舒适性智能评价系统流程图

1. 平台搭建的软硬件环境

平台搭建的软硬件环境见表5.1，此外还使用了Numpy 1.20、Opencv 4.5和Dlib 19.21 python工具包。

平台搭建软硬件环境 表5.1

配置	参数
操作系统	Windos10
深度学习框架	PaddlePaddle 2.0

续表

配置	参数
编程语言	Python 3.7
界面工具	PyQt5 5.15
CPU	Intel（R）core i5 8265
GPU	NVIDIA Geforce MX150（显存2GB）
内存	8GB
磁盘	1TB

2.表情数据自动清洗功能

为能够兼容不同数据形式，满足热、声环境舒适性实时监测的需要，本章搭建的基于组合网络微表情识别的室内环境舒适性智能评价系统，提供了3种数据接口，针对微表情视频和图像数据，可设置评价窗口，对评价窗口时段内的所有表情图像进行识别，得到该时间段内的平均舒适性指数，评价室内环境状态舒适性；针对实时数据接口，系统能够实时地识别采集到的微表情，从而评价室内环境状态的舒适性。

无论处理上述哪种表情数据，都需要对表情数据进行预处理，在第4章实验过程中发现，经过图像提取、背景剔除、人脸验证和图像校准等预处理后，部分图像存在模糊、闭眼和非正面情况（图5.2）。由第2章的分析结果可知眼睛、嘴巴和鼻子区域的特征点，在不同热、声环境中位置会发生改变，并且面部表情主要集中在眼睛和嘴巴区域。因此，由失焦、运动或曝光异常等原因造成图像质量下降（图5.2a），很难准确提取到该类图像表情的视觉特征，而闭眼（图5.2b）和非正面图像（图5.2c），则会导致面部特征点定位出现偏差，提取不到完整的眼睛和嘴巴区域表情特征。以上三类图像均会对系统最终结果产生影响，为了提高模型整体性能，该智能系统添加了图像质量评估、闭眼和非正面图像自动筛选功能。

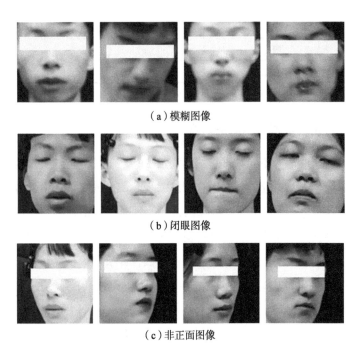

（a）模糊图像

（b）闭眼图像

（c）非正面图像

图 5.2　模糊、闭眼和非正面图像

（1）图像质量评估

模糊是图像质量退化的一种表现，拍照过程中相对运动、透镜几何像差、光照异常和失焦都会造成图像模糊[222]，导致图像质量下降。图像质量的好坏决定本系统性能优劣，需要对分割出的面部表情图像，进行质量评估。光照异常和失焦是造成图像质量下降的主要因素，针对这两种情况，本系统实现了光照异常检测和失焦检测功能。

1）光照异常自动检测

假设一幅灰度图像其亮度均值为μ，利用公式（5-1）和公式（5-2）分别计算图像每个像素点偏离μ的均值和方差。

$$D = \frac{1}{N} \sum_{i=0}^{N-1} (X_i - \mu) \tag{5-1}$$

其中，$N=$图像$_{length}$×图像$_{width}$，$X_i \in [0，255]$为等于i的像素。

$$M = \frac{1}{N} \sum_{i=0}^{255} |(X_i - \mu) - D| \times N_i \tag{5-2}$$

其中N_i是像素值为X_i的个数。则可以根据公式（5-3）进行亮度异常检测：

$$K = \left| \frac{D}{M} \right| \tag{5-3}$$

如果$K \geqslant 1$判断为异常，反之，如果$K < 1$则判断为正常。

两张待进行光照异常检测的图像如图5.3所示，经计算图5.3（a）得到的检测系数为2.964，因此判定该图像光照异常。图5.3（b）得到的检测系数为0.022，该图像光照正常。

 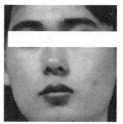

（a）光照异常图像　　　　（b）光照正常图像

图5.3　光照异常待检测图像

2）图像失焦自动检测

本书利用拉普拉斯变换，进行图像失焦自动检测，拉普拉斯
变换如公式（5-4），对图像在 x 和 y 方向上进行二阶导数即梯度，
梯度值大说明像素灰度变化大即图像边界，相反如果图形模糊，
则其边界不明显，梯度也会较小。因此可以用拉普拉斯变换结
果，衡量图像清晰程度。

$$\text{Laplace}(f) = \frac{\partial^2 f}{\partial x^2} + \frac{\partial^2 f}{\partial y^2} \tag{5-4}$$

待进行失焦检测的图像如图5.4所示，对其进行拉普拉斯变
换，设定的阈值为70。经计算图5.4（a）得到的梯度值为34.8，
判定该图像为模糊图像。图5.4（b）的梯度值为107.867，判定该
图像为清晰图像。

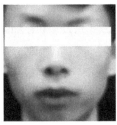
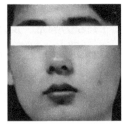

（a）失焦图像　　　　　　　（b）正常图像

图5.4　失焦待检测图像

（2）闭眼图像自动筛选

采集到的表情图像，不同受试者眼睛差异很大（图5.5）。

进行闭眼图像筛选过程中，要充分考虑到个体差异并要
消除这种差异性。首先在分割出的眼睛图像上选取6个特征点
$P_1 \sim P_6$，具体位置（图5.6a）。其中，P_2 到 P_6 的距离为 $\| p_2 - p_6 \|$

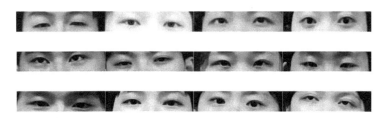

图5.5 不同受试者眼部图像

记作d_1，P_3到P_5的距离为$\|p_3-p_5\|$记作d_2，闭眼时各特征点位置（图5.6b）。通过图5.6可以看出睁、闭眼时距离d_1和d_2发生了明显的变化。这两个距离可以反映出睁眼和闭眼两种状态，但由于个体的差异每个人眼睛大小不同，如果单纯通过距离d_1和d_2直接判断睁、闭眼，那么个体差异会对判别结果造成较大干扰，最终影响整个筛选结果。为了消除个体差异计算P_1到P_4的距离$\|p_1-p_4\|$记为d_3。最终按照公式（5-5）求出的归一化距离d判断睁、闭眼。

$$d = \sqrt{d_1 d_2} / d_3 \qquad (5-5)$$

当归一化距离d小于某个阈值k时判定为该图像是闭眼图像，对该图像进行丢弃处理，然后提取前一帧图像作为补充，经过实验本书最终选择的阈值k为0.16。

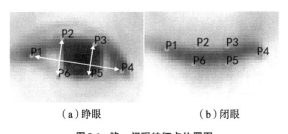

（a）睁眼　　　　　　（b）闭眼

图5.6 睁、闭眼特征点位置图

（3）非正面图像自动筛选

在采集到的受试者人脸图像中，部分受试者在实验过程中脸部角度变化过大（图5.7），这样在接下来的人脸表情特征提取过程中也会提取黑色背景特征，这部分特征属于噪声和干扰。因此，本书对这种面部偏移角度过大的图像也进行了自动筛选。

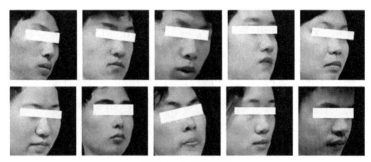

图5.7 非正面图像

非正面图像的原始图像（图5.8a），对其进行灰度化处理结果（图5.8b）。面部偏移过大则背景占据整个图像的比例会增大，对灰度化后的图像进行垂直积分投影结果（图5.9），图中纵坐标仍然是像素灰度值，横坐标是灰度图像宽度。由图5.9可以看出，如果面部偏移过大，则垂直积分投影曲线宽度相对较小。按

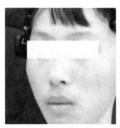 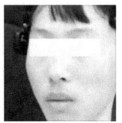

（a）原始图像　　　（b）灰度化图像

图5.8 面部偏移过大图像

照公式（5-6）根据垂直积分投影的宽度，可以对面部偏移情况进行自动筛选，其中 I_{width} 表示图像宽度。当比值小于0.7时认为该表情图像为非正面图像，自动删除，否则判定图像为正面图像。

$$W/I_{width} > 0.7 \tag{5-6}$$

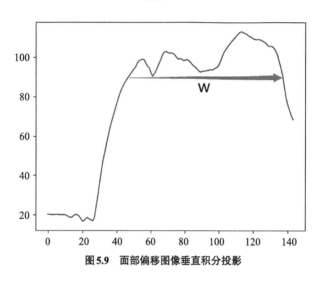

图5.9　面部偏移图像垂直积分投影

第2节　舒适性智能评价系统演示及结果分析

1. 系统界面

基于微表情识别的热、声环境舒适性智能评价系统运行后的界面（图5.10）。热、声环境智能评价系统主要提供了实时、视频和图像数据接口，可载入面部微表情视频、图像数据或接收实时采集设备数据，评价热、声环境状态的舒适性；智能评价系统可以根据需要调节评价时间长度，对于单人视频数据，根据时间段内舒适性指数均值，评价这段时间热、声环境状态的舒适性。对于多人视频，则是对评价结果进行统计，当舒适人数占比高于80%，评价结果才为舒适；评价结果在系统界面可视化显示。

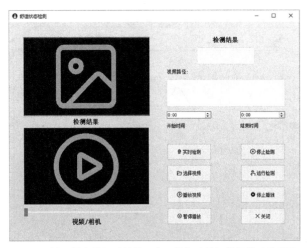

图5.10　基于微表情识别的热、声环境舒适性智能评价系统界面

2.舒适性智能评价系统性能分析

利用FMETE数据库中单人、多人表情视频数据验证系统性能；采集实时数据，进一步验证智能评价系统对实时环境状态舒适性的监测。

（1）FMETE数据库中单人、多人视频数据验证

1）单人表情视频数据测试

在FMETE数据库人工受控各种环境中，每位受试者均采集了20min微表情视频数据。一般人员对环境状态的适应时间为15~20min，因此检测时间设为15~20min，通过5min微表情视频检测，对环境状态舒适性评价界面（图5.11），评价结果与第4

章第3节一致。

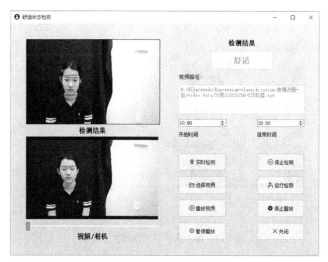

图5.11 单人表情视频数据运行结果

2）多人表情视频数据测试

在教室自然环境和办公室环境中采集微表情视频数据时，受试者已经历了30min环境适应期，因此多人视频数据评价时间长度设为1min。对于多人视频数据，系统首先评价每位受试者环境状态舒适性；然后对评价结果进行统计，若该环境中80%以上人员舒适，则系统对该环境最终评价结果为舒适，否则为不舒适，多人表情视频数据运行结果（图5.12）。最终评价结果与第4章第1节一致。

利用气候室环境、教室自然环境和办公室环境的本地单人或多人视频数据，对智能评价系统进行测试，系统识别速度及准确率（表5.2），可以看出智能评价系统可以有效地完成热、声环境舒适性评价。

图5.12　多人表情视频数据运行结果

基于本地数据热、声环境智能评价系统识别速度及准确率　表5.2

名称	微表情识别速度	舒适性评价准确率
舒适性智能评价系统	0.478s/幅	96.85%

（2）实时数据测试

为验证智能评价系统对实时环境舒适性的监测功能，于2021年9月在住宅环境和办公室环境进行了30人次，累计时长为100min的环境状态实时监测。

1）实验概况

实验共招募30名受试者（18男，12女），所有受试者身体健康，无不良嗜好。为了保证采集到的表情图片可靠、真实、客观，实验前要求受试人员需保证良好的睡眠，情绪平稳，无主观不适，受试者信息见表5.3。

受试人员基本信息 表5.3

性别	信息	平均值 ± 标准差	范围	人数
男	年龄（岁）	29.32 ± 9.99	14～50	18
	身高（cm）	174.44 ± 3.95	169～182	
	体重（kg）	66.67 ± 8.42	56～90	
女	年龄（岁）	30.75 ± 11.79	13～52	12
	身高（cm）	165.33 ± 4.29	159～174	
	体重（kg）	54.75 ± 9.31	44～80	

实验过程中，受试者身着短袖上衣、长裤、运动鞋，其服装热阻为0.57clo，实验期间，受试者保持正常坐姿，其代谢率约为1.0met（1met=58.2W/m^2），环境适应30min后，智能评价系统开启实时监测功能，监测时长为3min，环境参数见表5.4，实验结束后受试者填写表2.5所示主观调查问卷。

实时数据采集过程中环境参数 表5.4

环境	温度	湿度	噪声
住宅	24 ± 0.2℃	（45 ± 0.4）%	45～50dB
办公室	22 ± 0.3℃	（51 ± 0.5）%	45～50dB

2）实验结果分析

选择实时检测功能时，系统会对摄像头采集到的微表情数据进行实时处理与识别。首先，系统检测是否有人脸图像，当实时采集设备没有采集到人脸时，系统会进行提示（图5.13）。

若智能系统检测到人脸图像，会马上对人脸微表情进行识别，根据识别结果评价环境状态舒适性。由于对一幅人脸图像微表情识别和评价的时间仅需0.478s，识别没有滞后，可以实时监测。办公室环境和住宅环境智能评价系统实时检测结果见图5.14。

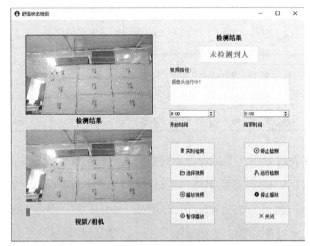

图5.13 没有检测到人脸图像系统显示结果

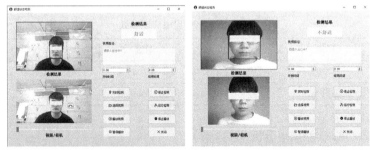

（a）办公室环境 （b）住宅环境

图5.14 智能评价系统实时检测界面及结果

　　智能评价系统对实时数据评价结果，以及受试者主观调查问卷结果（表5.5），有两名受试者主观问卷为"舒适"评价，智能评价系统评价为"不舒适"，以主观调查问卷为基准，智能评价系统的准确率为93.34%。

| 评价方法 | 评价结果 | 表5.5 |
| | | |

两种评价方法对实时数据评价结果

评价方法	评价结果	
	舒适（人）	不舒适（人）
主观调查问卷	28	2
智能评价系统	26	4

　　智能评价系统对实时数据的环境舒适性评价，以主观调查问卷为基准，结果的准确率（*Accuracy*）、精准率（*Precision*）、召回率（*Recall*）和 *F1-Score* 各指标（表5.6），混淆矩阵（图5.15）。经智能评价系统辨识，只有2人不舒适的情况被判别为舒适，符合个体对舒适判断的差异。可以看出，构建的实时智能评价系统可以实时监测人脸、有效辨识微表情和评价环境状态的舒适性。

基于实时数据的智能评价系统性能测试　　表5.6

评价方法	*Accuracy*	*Precision*	*Recall*	*F1-Score*
智能评价系统	93.34%	100%	92.86%	96.30%

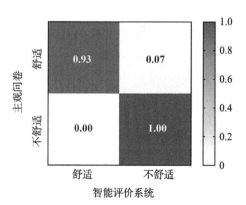

图5.15　基于实时数据的智能评价系统混淆矩阵

第3节 基于微表情识别的热、声环境舒适性智能评价系统应用

基于微表情识别的热、声环境舒适性智能评价系统，可以实时监测热、声环境舒适性，室内人员可根据监测结果调节室内环境舒适度。前述实验涉及的人工可控环境、教室自然环境和办公室环境，各热、声环境均是舒适或不舒适，且整个实验过程，没有人为改变环境舒适性。在该环境下，基于微表情识别的热、声环境舒适性智能评价系统效果较好。但对于日常室内环境，环境物理参数实时变化，如果评价系统监测到不舒适，则需调整物理参数来满足用户对环境舒适度的需求。此时，智能评价系统需继续进行评价，并将调整后的环境状态进行反馈，以判断当前环境是否满足用户需求，这就需要热、声环境舒适性智能评价系统同时适用于室内舒适性实时变化的环境。因此，本节设计了一个人为调节舒适性的环境，以此进一步验证热、声环境舒适性智能评价系统在动态环境中的性能。

1.应用概况

本实验大体可分为两个阶段：首先，播放80dB噪声，给受试者增加生理压力源，让受试者处于不舒适的声环境；然后，分别通过营造听觉环境（自然流水声）、视觉环境（森林图片）或视听环境（森林图片＋流水声）来改善环境舒适度。添加生理压力源和改善环境舒适度两个阶段中采集面部微表情，验证智能评价

系统是否可以评价受试者所处环境状态的变化。实验整体流程（图5.16）。

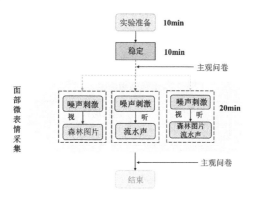

图5.16 实验整体流程图

实验招募28名受试者（14男，14女），均身体健康，无基础性疾病，无吸烟、酗酒等不良嗜好，基本信息（表5.7）。本实验主观调查问卷见表5.8，调查问卷内容主要针对受试者的情绪状态。根据前面分析可知，舒适的环境会让人产生积极情绪，不舒适的环境则会让人产生消极情绪。积极情绪主要包括：愉快、开心、满足等，消极情绪主要包括：害怕、生气、伤心等。受试者需要对各种情绪打分，若最后各积极情绪总分高于消极情绪总分，则受试者主观感觉为舒适，否则为不舒适。

受试者基本信息 表5.7

性别	信息	平均值 ± 标准差	范围	人数
男	年龄（岁）	23.23 ± 0.83	22～26	14
	身高（cm）	177.23 ± 3.59	172～187	
	体重（kg）	73.13 ± 12.44	63～85	

续表

性别	信息	平均值 ± 标准差	范围	人数
女	年龄（岁）	22.38 ± 0.60	22～25	14
	身高（cm）	163.38 ± 5.37	155～168	
	体重（kg）	58.25 ± 8.36	47～70	

主观调查问卷   表5.8

积极情绪	分值					消极情绪	分值				
开心	1	2	3	4	5	伤心	1	2	3	4	5
满足	1	2	3	4	5	生气	1	2	3	4	5
愉快	1	2	3	4	5	烦闷	1	2	3	4	5
快乐	1	2	3	4	5	忧郁	1	2	3	4	5
好的	1	2	3	4	5	坏的	1	2	3	4	5

注："1"＝极少或没有；"2"＝非常少；"3"＝中等；"4"＝相当多；"5"＝极多

2. 应用结果分析

采用三种不同恢复方法，在生理压力刺激期和恢复期，由主观调查问卷和智能评价系统得到的不舒适百分比分别为 $PPD^*_{问卷}$ 和 $PPD^*_{系统}$（图5.17）。从问卷情况可以看出，由于三种工况下均添加噪声，受试者处于声不舒适环境，因此生理压力刺激期不舒适百分比 $PPD^*_{问卷}$ 较高，但通过视觉、听觉和视听手段的改善，受试者由声不舒适环境过渡到舒适环境，恢复期不舒适百分比 $PPD^*_{问卷}$ 降低，与实际情况相符。

在生理压力刺激期和恢复期环境状态下利用智能评价系统评价得到的不舒适百分比 $PPD^*_{系统}$ 变化规律与 $PPD^*_{问卷}$ 一致，生理压力期环境的不舒适百分比 $PPD^*_{系统}$ 高于改善期环境的不舒适百分比PPD*系统，说明智能评价系统可以随时检测人员所处环境状态舒适度的变化情况。此外还发现使用视＋听方法改善环境状态舒适性，其不舒适百分比明显低于单独使用视觉或听觉方法，说明视觉和听觉同时改善效果最佳。

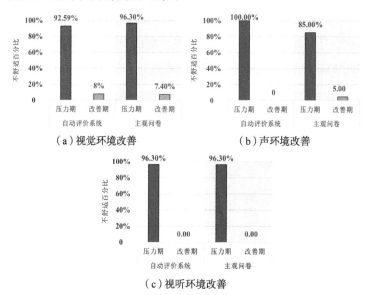

（a）视觉环境改善　　　　　（b）声环境改善

（c）视听环境改善

图5.17　三种恢复方法下主观问卷和智能评价系统不舒适百分比

　　智能评价系统对三种不同恢复方法下环境状态的舒适性进行评价，以主观调查问卷为基准，结果的准确率（*Accuracy*）、精准率（*Precision*）、召回率（*Recall*）和*F1-Score*各指标（表5.9）。可以看出三种工况环境下，智能评价系统各性能指标较好，说明智能评价系统能够较好监测到环境状态舒适性的改变。

　　三种不同恢复方法下，智能评价系统结果混淆矩阵见图5.18，其中智能评价系统评价视听恢复手段的舒适性准确率最高。同时采用视和听恢复手段，对环境舒适度改善程度较明显，压力刺激

三种不同恢复方法下智能评价系统性能测试结果　　表5.9

恢复方法	*Accuracy*	*Precision*	*Recall*	*F1-Score*
视觉	88.46%	91.3%	84%	87.5%
听觉	90.00%	95.00%	86.36%	90.48%
视觉+听觉	96.30%	96.43%	96.43%	96.43%

期和恢复期环境舒适度差异较明显，所以受试者情绪变化显著，因此智能评价系统的准确率相对较高。

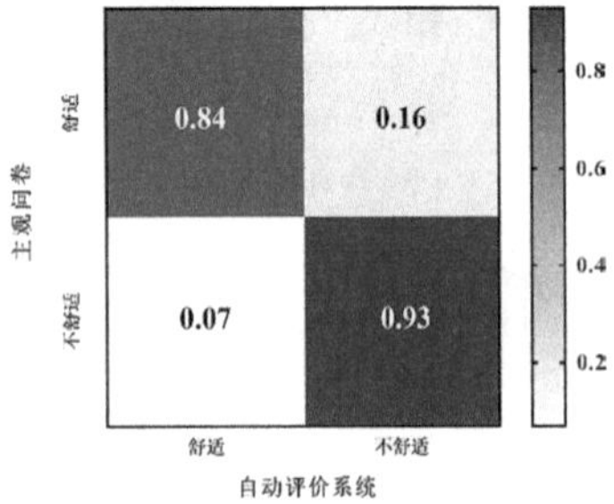

（a）视觉恢复手段 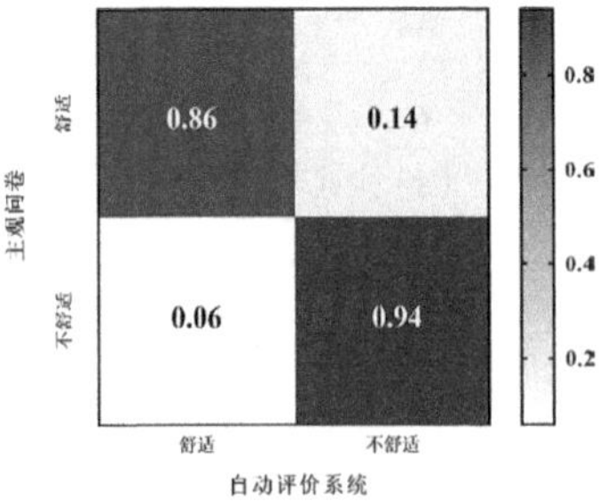　　　　　　　（b）听觉恢复手段

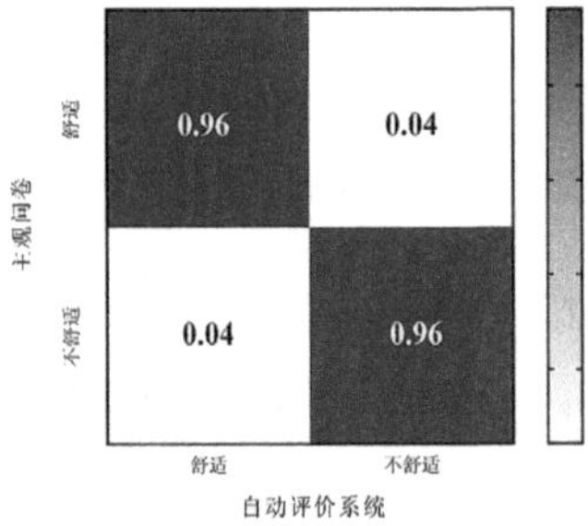

（c）视听恢复手段

图5.18　三种不同恢复方法下智能评价系统评价结果混淆矩阵

综上可以看出，基于组合网络微表情识别的热、声环境舒适性智能评价系统，可以较准确评价人员不同环境中的情绪状态，能够识别不同情绪状态下的面部微表情，评价环境状态的舒适

性。该热、声环境舒适性智能评价系统，可以推广并应用到其他有关热、声环境舒适性，及其相关领域的研究中。

第4节　本章小结

本章在第4章基于组合网络表情识别的室内环境舒适性评价模型基础上，设计并实现了一个提供视频、图像和实时数据3种数据接口，对模糊图像、闭眼图像和非正面图像具有自动筛选功能的热、声环境舒适性智能评价系统。该评价系统易操作，仅需要载入微表情视频或连接实时图像采集设备，就可识别面部微表情，进而评价环境状态的舒适性。

利用本地数据、实时数据和可变环境数据对智能评价系统性能进行验证，实验结果表明，智能评价系统能够有效地评价上述各种环境状态的舒适性，可以做到对环境舒适性变化的实时监测。该智能评价系统是一种非接触式、实时的热、声环境舒适性评价系统，可以推广应用于其他与热、声环境舒适性相关的研究中。

第6章

总结与展望

实时获取人员对环境状态舒适性的反馈，是实时提供舒适室内环境的基础。目前室内环境舒适性评价还主要依赖于主观调查问卷和生理参数，其中主观调查问卷需频繁打断人员正常生活及工作，而生理参数的测量往往需要测量仪器与人体直接接触，带来的异物感让人排斥，且专业测量仪器布点困难，不便捷。上述两种方法常用于实验室研究，很难在实际生活场景得到广泛应用。非接触式、实时性是室内环境舒适性评价方法的发展趋势。

本书介绍了利用人脸微表情识别对室内环境舒适性进行评价的方法及应用案例，主要内容及结论如下：

（1）探索研究了面部微表情与舒适之间的相关性。通过观察环境对面部表情的影响，发现不同舒适度的复合环境会引起面部微表情变化，主要集中在眼睛和嘴巴区域，因此将面部划分为5个运动单元；由于表情变化比较微小，直接辨识度低，提取了它们的环形对称Gabor特征，在多个尺度上表征其纹理信息，且进一步避免了运动单元旋转等不对齐造成的影响。

（2）复合环境下的面部微表情数据库的创建。避免单一环境对判别结果准确性的影响，除了常用环境参数可控的人工可控实验室外，教室和办公室现场环境也作为面部微表情采集环境，在上述环境分别采集面部微表情视频数据。视频数据经过图像提取、背景剔除、人脸验证和图像校准等预处理，根据受试者主观调查问卷，建立了面部微表情数据库。

（3）构建了基于组合网络微表情识别的室内环境舒适性评价

模型MERCNN。由于该模型同时考虑微表情图像视觉特征和面部51个特征点的位置特征，很好地解决了现实环境采集的面部微表情变化幅度不大，从而造成识别精度低的问题。实验结果表明，MERCNN模型不仅可以有效评价人工受控环境状态舒适性，而且对于教室自然环境和办公室环境状态评价也较为准确。越偏离中性环境，模型评价的准确率（以主观调查问卷为基准）越高，这一结论也与表情识别领域结论，即负面、消极情绪更容易被识别相一致。

（4）为满足对室内环境舒适性非接触、实时监测的需要，设计并实现了基于微表情识别的热、声环境舒适性智能评价系统。该系统功能主要包括：①图像、视频读入、实时视频采集接口；②人脸图像质量自动检测、闭眼、非正面图像自动筛选；③选择评价时间的长度；④热、声环境状态的舒适性评价。系统界面友好，非专业人员也可操作。

虽然基于面部微表情识别的室内环境舒适性评价方法具备一定的有效性，微表情识别可以作为一种环境舒适性评价，但仍然存在不足，展望未来可以在以下几个方面继续研究：

（1）本书中的案例只考虑了热、声环境下舒适性状态的评价，对于更加复杂的环境没有考虑，今后可以将面部微表情识别应用到热、声、光和室内空气品质综合作用下的室内环境；

（2）目前，只通过人脸微表情识别对环境状态的舒适性进行了舒适和不舒适定性分析，没有涉及定量研究，未来可以就定量分析展开进一步探索。

参考文献

[1] 朱学玲, 任健. 人体舒适度的分析与预报[J]. 气象与环境科学, 2011, 34(B09): 131-134.

[2] Yao Y, Lian Z, Liu W, et al. Heart rate variation and electroencephalograph – the potential physiological factors for thermal comfort study[J]. Indoor Air, 2010, 19(2): 93-101.

[3] Kim Y, Han J, Chun C. Evaluation of comfort in subway stations via electroencephalography measurements in field experiments[J]. Building and Environment, 2020, 183: 107130.

[4] Yong P, Yla B, Cfa B, et al. Passenger overall comfort in high-speed railway environments based on EEG: Assessment and degradation mechanism – ScienceDirect [J]. Building and Environment, 2022, 210(2): 108711.1-108711.10.

[5] H.Y. Wang, L. Liu. Experimental investigation about effect of emotion state on people's thermal comfort [J]. Energy and Buildings, 2020, 211(5): 109789.1-109789.16.

[6] 孙卉. 对于情绪定义的再探讨[J]. 社会心理科学, 2010(9): 39: 42.

[7] 彭聃龄.普通心理学[M].北京: 北京师范大学出版社, 2012: 426.

[8] 原琦. 不妥协的因果解释——论维果茨基的言语思维学说[D].

天津: 南开大学, 2009.

[9] Arnold M B. Emotion and personality[M]. Cassell and Co. Ltd. 1961.

[10] Kuo F E, Sullivan W C. Aggression and Violence in the Inner City Effects of Environment via Mental Fatigue[J]. Environment and Behavior, 2001, 33(4): 543-571.

[11] Cooper C L, Marshall J. Occupational sources of stress: a review of the literature relating to coronary heart disease and mental ill health[J]. Journal of Occupational Psychology, 2011, 49(1): 11-28.

[12] Edwards D, Burnard P. A systematic review of stress and stress management interventions for mental health[J]. Journal of Advanced Nursing, 2003, 42(2): 169-200.

[13] Wexler B E, Warrenburg S, Schwartz G E, et al. EEG and EMG responses to emotion-evoking stimuli processed without conscious awareness[J]. neuropsychologia, 1992, 30(12): 1065-1079.

[14] Parkinson T, De Dear R. Thermal pleasure in built environments: Spatial alliesthesia from contact heating[J]. Building Research and Information, 2015, 44(3): 1-16.

[15] Parkinson T, De Dear R, Candido C. Thermal pleasure in built environments: Alliesthesia in different thermoregulatory zones[J]. Building Research and Information, 2016, 44: 20-33.

[16] Min W P, Chi J K, Hwang M, et al. Individual Emotion Classification between Happiness and Sadness by Analyzing Photoplethysmography and Skin Temperature[C]// Fourth World Congress on Software Engineering. IEEE Computer Society, 2013: 190-194.

[17] Waye K P, Bengtsson J, Rylander R, et al. Low frequency noise enhances cortisol among noise sensitive subjects during work performance[J]. Life Sciences, 2002, 70(7): 745-758.

[18] Weinstein N D. Noise and intellectual performance: A confirmation and extension[J]. Journal of Applied Psychology, 1977, 62(1): 104-107.

[19] Bhattacharyya A, Tripathy R K, Garg L, et al. A Novel Multivariate-Multiscale Approach for Computing EEG Spectral and Temporal Complexity for Human Emotion Recognition[J]. IEEE Sensors Journal, 2021, 21(3): 3579-3591.

[20] Zhang Q, Lai X, Liu G. Emotion Recognition of GSR Based on an Improved Quantum Neural Network[C]// 2016 8th International Conference on Intelligent Human-Machine Systems and Cybernetics(IHMSC). IEEE, 2016: 488-492.

[21] Huang P W, Hsieh C H, Liang M C, et al. ECG monitoring and emotion stabilization system with a physiological information platform for drivers[C]// 2015 International Symposium on Bioelectronics and Bioinformatics(ISBB). IEEE, 2015: 180-183.

[22] Min W P, Chi J K, Hwang M, et al. Individual Emotion Classification between Happiness and Sadness by Analyzing Photoplethysmography and Skin Temperature[C]// Fourth World Congress on Software Engineering. IEEE Computer Society, 2013: 190-194.

[23] Bulagang A F, Mountstephens J, Teo J. Electrodermography and Heart Rate Sensing for Multiclass Emotion Prediction in Virtual Reality: A Preliminary Investigation[C]// 2021 IEEE Symposium

on Industrial Electronics and Applications（ISIEA）. IEEE, 2021：1-5.

[24] Huang X, Kortelainen J, Zhao G, et al. Multi-modal emotion analysis from facial expressions and electroencephalogram[J]. Computer Vision and Image Understanding, 2016, 147：114-124.

[25] Jia J, Zhou S, Yin Y, et al. Inferring Emotions from Large-scale Internet Voice Data[J]. IEEE Transactions on Multimedia, 2019, 21（7）：1853-1866.

[26] Gunes H, Piccardi M. Automatic temporal segment detection and affect recognition from face and body display[J]. IEEE Transactions on Systems Man & Cybernetics Part B Cybernetics A Publication of the IEEE Systems Man & Cybernetics Society, 2009, 39（1）：64-84.

[27] Batbaatar E, Li M, Ryu K H. Semantic-Emotion Neural Network for Emotion Recognition from Text[J]. IEEE Access, 2019（7）：111866-111878.

[28] 孟昭兰. 为什么面部表情可以作为情绪研究的客观指标[J]. 心理学报, 1987（2）：124-134.

[29] Devault D, Artstein R, Benn G, et al. SimSensei Kiosk：A Virtual Human Interviewer for Healthcare Decision Support[C]// International Conference on Autonomous Agents & Multi-agent Systems, 2014：1061-1068.

[30] Lucey P, Cohn J F, Matthews I, et al. Automatically Detecting Pain in Video Through Facial Action Units[J]. IEEE Transactions on Systems Man & Cybernetics Part B, 2011, 41（3）：664-674.

[31] Roy S D, Bhowmik M K, Saha P, et al. An Approach for

Automatic Pain Detection through Facial Expression[J]. Procedia Computer Science, 2016, 84: 99-106.

[32] Tta B, Pljcd E, Ama B. Combining trunk movement and facial expression enhances the perceived intensity and believability of an avatar's pain expression[J]. Computers in Human Behavior, 2020, 112(11): 106451.1-106451.10.

[33] Weeks S J, Hobson R P. The salience of facial expression for autistic children [J]. Journal of Child Psychology and Psychiatry, 1987, 28(1): 137-152.

[34] Kadak M T, Demirel Ö F, Yavuz M, et al. Recognition of emotional facial expressions and broad autism phenotype in parents of children diagnosed with autistic spectrum disorder[J]. Comprehensive Psychiatry, 2014, 55(5): 1146-1151.

[35] Gonzaga C N, Valente H B, Ricci-Vitor A L, et al. Autonomic responses to facial expression tasks in children with autism spectrum disorders: Cross-section study[J]. Research in Developmental Disabilities, 2021, 116: 104034.

[36] Yca B, Sea C, Koa D, et al. Emotional context effect on recognition of varying facial emotion expression intensities in depression[J]. Journal of Affective Disorders, 2022, 308: 141-146.

[37] Velichkovsky B B, Sultanova F R, Tatarinov D V. Explicit and Implicit Processing of Facial Expressions in Depression[J]. Experimental Psychology, 2021, 14(2): 24-36.

[38] Zlab C, Ypab C, Wh D. Driver fatigue detection based on deeply-learned facial expression representation - ScienceDirect[J]. Journal of Visual Communication and Image Representation, 2020, 71

（8）: 102721.1-102723.7.

[39] Wang J, Huang S, Liu J, et al. Driver Fatigue Detection Using Improved Deep Learning and Personalized Framework[J]. International Journal on Artificial Intelligence Tools, 2021, 7（4）: 1-16.

[40] Yg A, Jian H, Mx B, et al. Facial expressions recognition with multi-region divided attention networks for smart education cloud applications[J]. Neurocomputing, 2022, 493 : 119-128.

[41] Whitehill J, Serpell Z, Lin Y C, et al. The Faces of Engagement: Automatic Recognition of Student Engagement from Facial Expressions[J]. IEEE Transactions on Affective Computing, 2014, 5（1）: 86-98.

[42] Soumya B C. Lie Detection based on Facial Micro Expression, Body Language and Speech Analysis[J]. International Journal of Engineering & Technical Research, 2016, 5（2）: 337-339.

[43] Jordan S, Brimbal L, Wallace D B, et al. A test of the micro-expressions training tool: Does it improve lie detection? [J]. Journal of Investigative Psychology and Offender Profiling, 2019, 16（3）: 222-235.

[44] Darwin C. The Expression of the Emotions in Man and Animals[J]. Portable Darwin, 2012, 123（1）: 146.

[45] Ho H C, Man S W, Lin Y, et al. Spatiotemporal influence of temperature, air quality, and urban environment on cause-specific mortality during hazy days[J]. Environment international, 2018, 112 : 10-22.

[46] Opuszańska, Urszula, M Makara-Studzińska. The correlations between air pollution and depression[J]. Current Problems of

Psychiatry, 2017, 18（2）: 100-109.

[47] C. D. Korkas, S. Baldi, I. Michailidis, E.B. Kosmatopoulos, Multi-objective control strategy for energy management of grid-connected heterogeneous microgrids [C]// American Control Conference, 2015: 5515-5520.

[48] S. Baldi, A. Karagevrekis, I.T. Michailidis, E.B. Kosmatopoulos, Joint energy demand and thermal comfort optimization in photovoltaic-equipped interconnected microgrids[J]. Energy Conversion and Management, 2015, 101: 352–363.

[49] 朱颖心. 建筑环境学（3版）[M].北京: 中国建筑工业出版社, 2010.

[50] ASHRAE Standard55-2017[S]. Thermal Environmental Condition for Human Occupancy; American Society of Heating, Refrigerating and Air-Conditioning Engineers, Inc.: Atlanta, GA, USA, 2017.

[51] ISO 7730, Moderate Thermal Environment-Determination of the PMV and PPD Indices and Specification of the Conditions for Thermal Comfort, International Organization for Standardization, Geneve, 2005.

[52] ANSI/ASHRAE, Thermal Environmental Conditions for Human Occupancy, American Society of Heating, Refrigeration and Air-Conditioning Engineers, At-lanta, GA, 2013（ANSI/ASHRAE standard 55-2013）.

[53] 王海英, 胡松涛. 对PMV热舒适模型适用性的分析[J]. 建筑科学, 2009, 25（6）: 108-114.

[54] 王福林, 韩典杉, 孙泽禹, 等. 室内热环境自动控制方法综述[J]. 暖通空调, 2017, 47（12）: 1-7.

[55] Gagge A P, Stolwijk J A J, Nishi Y. An effective temperature scale based on a simple model of human physiological regulatory response[J]. ASHRAE Transactions, 1971, 77(1): 21-36.

[56] Zolfaghari A, Maerefat M. A new simplified thermoregulatory bioheat model for evaluating thermal response of the human body to transient environments[J]. Building and Environment, 2010, 45(10): 2068-2076.

[57] Kaynakli O, Unver U, Kilic M. Evaluating thermal environments for sitting and standing posture[J]. International Communications in Heat & Mass Transfer, 2003, 30(8): 1179-1188.

[58] Kaynakli O, Kilic M. Investigation of indoor thermal comfort under transient conditions[J]. Building and Environment, 2005, 40(2): 165-174.

[59] Foda E, Kai S. A new approach using the Pierce two-node model for different body parts[J]. International Journal of Biometeorology, 2011, 55(4): 519-532.

[60] Konishi O M. Evaluation of thermal comfort using combined multi-node thermoregulation (65MN) and radiation models and computational fluid dynamics (CFD)[J]. Energy and Buildings, 2002, 34(6): 637-646.

[61] Charlie Huizenga, Zhang H, Arens E. A model of human physiology and comfort for assessing complex thermal environments[J]. Building and Environment, 2001, 36(6): 691-699.

[62] Lin Z, Deng S. A study on the thermal comfort in sleeping environments in the subtropics—Developing a thermal comfort model for sleeping environments[J]. Building and Environment,

2008, 43（1）: 70-81.

[63] Pan D, Chan M, Deng S, Qu M. A four-node thermoregulation model for predicting the thermal physiological responses of a sleeping person [J]. Building and Environment, 2012, 52 : 88-97.

[64] Jones B W. Capabilities and limitations of thermal models for use in thermal comfort standards[J]. Energy and Buildings, 2002, 34（6）: 653-659.

[65] Huizenga C, Hui Z, Arens E, et al. Skin and core temperature response to partial- and whole-body heating and cooling[J]. Journal of Thermal Biology, 2004, 29（7-8）: 549-558.

[66] Choi J H, Loftness V. Investigation of human body skin temperatures as a bio-signal to indicate overall thermal sensations[J]. Building & Environment, 2012, 58（12）: 258-269.

[67] 刘蔚巍, 连之伟, 邓启红, 等. 人体热舒适客观评价指标[J]. 中南大学学报（自然科学版）, 2011, 42（2）: 521-526.

[68] Choi Y, Kim M, Chun C. Effect of temperature on attention ability based on electroencephalogram measurements[J]. Building and Environment, 2019, 147 : 299–304.

[69] Wang X, Li D, Menassa C C, et al. Investigating the Neurophysiological Effect of Thermal Environment on Individuals' Performance Using Electroencephalogram[C]// ASCE International Conference on Computing in Civil Engineering 2019. 2019 : 598-605.

[70] 孙宇舸, 李丽, 叶柠, 等. 基于不同频率声音刺激的脑电信号分析方法研究 [J]. 生命科学仪器, 2007, 5（7）: 23-27.

[71] Shin Y B, Woo S H, Kim D H, et al. The effect on emotions

and brain activity by the direct/indirect lighting in the residential environment[J]. Neuroscience Letters, 2015, 584: 28-32.

[72] Cao B, Ouyang Q, Zhu Y, et al. Development of a multivariate regression model for overall satisfaction in public buildings based on field studies in Beijing and Shanghai[J]. Building and Environment, 2012, 47(47): 394-399.

[73] 张甫仁, 杨昭, 郁文红. 室内环境评价物元模型及可拓评价方法[J]. 天津大学学报(自然科学与工程技术版), 2005, 38(4): 307-312.

[74] 阮秀英, 丁力行, 段西超. 室内环境的多级模糊综合评价方法[J]. 发电与空调, 2007, 28(4): 10-13.

[75] Zhao Q, Zhao Y, Wang F, Wang J, Jiang Y, Zhang F. A data-driven method to describe the personalized dynamic thermal comfort in ordinary office environment: from model to application[J]. Build and Environment, 2014, 72: 309–318.

[76] Choi J, Yeom D. Development of the data-driven thermal satisfaction prediction model as a function of human physiological responses in a built environment[J]. Building and Environment, 2019, 150(5): 206–218.

[77] Tca B, Ycsa B, Hua L C, et al. Machine learning driven personal comfort prediction by wearable sensing of pulse rate and skin temperature[J]. Building and Environment, 2020, 170(5): 106615.1-106615.12.

[78] Song C, Liu Y, Liu J. The sleeping thermal comfort model based on local thermal requirements in winter[J]. Energy and Buildings, 2018, 173(8): 163-175.

[79] Takada S, Matsumoto S, Matsushita T. Prediction of whole-

body thermal sensation in the non-steady state based on skin temperature[J]. Building and Environment, 2013, 68(10): 123-133.

[80] Tejedor B, Casals M, Gangolells M, et al. Human comfort modelling for elderly people by infrared thermography: Evaluating the thermoregulation system responses in an indoor environment during winter[J]. Building and Environment, 186 (12): 107354.1-107354.18.

[81] Liu W, Lian Z, Bo Z. A neural network evaluation model for individual thermal comfort[J]. Energy and Buildings, 2007, 39 (10): 1115-1122.

[82] Megri A, Naqa I. Prediction of the thermal comfort indices using improved support vector machine classifiers and nonlinear kernel functions[J]. Indoor Built Environ. 2016, 25(1): 6-16.

[83] Afroz Z, Urmee T, Shafiullah G M, et al. Real-time prediction model for indoor temperature in a commercial building[J]. Applied Energy, 2018, 231: 29-53.

[84] Ghahramani A, Tang C, Becerik-Gerber B. An online learning approach for quantifying personalized thermal comfort via adaptive stochastic modeling[J]. Building & Environment, 2015, 92(10): 86-96.

[85] Lee S, Karava P, Tzempelikos A, et al. Inference of thermal preference profiles for personalized thermal environments with actual building occupants[J]. Building and Environment, 2019, 148(1): 714-729.

[86] Arens E A, Zhang H. The skin's role in human thermoregulation and comfort[J]. Thermal & Moisture Transport in Fibrous

Materials, 2006: 560-602.

[87] Meier A, Dyer W, Graham C. Using human gestures to control a building's heating and cooling system[C]. In Processing of the 9th International Conference on Energy Efficiency in Domestic Appliances and Lighting. Irvine, California, USA, 2017: 627-635.

[88] Wei S E, Ramakrishna V, Kanade T, et al. Convolutional Pose Machines[J]. IEEE, 2016: 4724-4732.

[89] Simon T, Joo H, Matthews I, et al. Hand Keypoint Detection in Single Images Using Multiview Bootstrapping[C]. IEEE, 2017: 4645-4653.

[90] Zhe C, Simon T, Wei S E, et al. Realtime Multi-person 2D Pose Estimation Using Part Affinity Fields[C].2017 IEEE Conference on Computer Vision and Pattern Recognition (CVPR). IEEE, 2017: 1302-1310.

[91] Yang B, Cheng X, Dai D, et al. Real-time and contactless measurements of thermal discomfort based on human poses for energy efficient control of buildings[J]. Building and Environment, 2019, 162(9): 106284.1-106284.10.

[92] Choi J H, D Yeom. Study of data-driven thermal sensation prediction model as a function of local body skin temperatures in a built environment[J]. Building & Environment, 2017, 121(8): 130-147.

[93] Chen Y, Lu B, Chen Y, et al. Breathable and Stretchable Temperature Sensors Inspired by Skin[J]. 2015(5): 11505.

[94] Soo S, Myung K, Kwang J, et al. Estimation of Thermal Sensation Based on Wrist Skin Temperatures[J]. Sensors(Basel,

Switzerland), 2016, 16(4): 420-431.

[95] Ghahramani A, Castro G, Becerik-Gerber B, et al. Infrared thermography of human face for monitoring thermoregulation performance and estimating personal thermal comfort[J]. Building and Environment, 2016, 109(11): 1-11.

[96] Empatica. Real-Time Physiological Signals | E4 EDA/GSR Sensor. Available online: https: //www.empatica.com/en-int/research/e4/

[97] Microsoft. Microsoft Band | Offificial Site. Available online: https: //support.microsoft.com/ja-jp/help/4000313/band-hardware-band-2-features-and functions.

[98] Nkurikiyeyezu K, Lopez G. Towards a real-time and physiologically controlled thermal comfort provision in office buildings [J]. Intelligent Environments, 2018, 23: 168-177.

[99] D. Li, C.C. Menassa, V.R. Kamat, Non-intrusive interpretation of human thermal comfort through analysis of facial infrared thermography[J]. Energy and Buildings, 2018, 176(10): 246-261.

[100] Wu H Y, Michael, et al. Eulerian video magnification for revealing subtle changes in the world[J]. ACM Transactions on Graphics (TOG) - SIGGRAPH 2012 Conference Proceedings, 2012, 31(4): 1-8.

[101] Ranjan J, Scott J. Thermal Sense: determining dynamic thermal comfort preferences using thermographic imaging [C]. Acm International Joint Conference on Pervasive & Ubiquitous Computing. ACM, 2016: 1212-1222.

[102] Cheng X, Yang B, Olofsson T, et al. A pilot study of online non-invasive measuring technology based on video magnification

to determine skin temperature[J]. Building and Environment, 2017, 121：1-10.

[103] Jazizadeh F, Jung W. Personalized thermal comfort inference using RGB video images for distributed HVAC control - ScienceDirect[J]. Applied Energy, 2018, 220：829-841.

[104] Metzmacher, Henning, Woelki, et al. Real-time human skin temperature analysis using thermal image recognition for thermal comfort assessment[J]. ENERGY AND BUILDINGS, 2018, 158（1）：1063-1078.

[105] Wang F, Zhu B, Rui L, et al. Smart control of indoor thermal environment based on online learned thermal comfort model using infrared thermal imaging[C]// 2017 13th IEEE Conference on Automation Science and Engineering（CASE 2017）. IEEE, 2017：924-925.

[106] Jung W, Jazizadeh F. Non-Intrusive Detection of Respiration for Smart Control of HVAC System[C]// ASCE International Workshop on Computing in Civil Engineering. 2017：310-317.

[107] 高文, 金辉. 面部表情图像的分析与识别[J]. 计算机学报, 1997（9）：782-789.

[108] Kobayashi H, Hara F. Facial Interaction between Animated 3D Face Robot and Human Beings[C]// Systems, Man, and Cybernetics, 1997. Computational Cybernetics and Simulation. 1997 IEEE International Conference on. IEEE, 1997：3732-3737.

[109] Tian Y I, Kanade T, Cohn J. Recognizing action units for facial expression analysis[J]. IEEE Trans Pattern Anal Mach Intell, 2001, 23（2）：97-115.

[110] Essa I, Pentland A P. Coding, Analysis, Interpretation, and Recognition of Facial Expressions[J]. IEEE Transactions on Pattern Analysis & Machine Intelligence, 2002, 19(7): 757-763.

[111] Pantic M, Rothkrantz L. Expert System for Automatic Analysis of Facial Expression[J]. Image and Vision Computing, 2000, 18 (11): 881-905.

[112] Matthews I, Baker S. Active Appearance Models Revisited[J]. International Journal of Computer Vision, 2004, 60(2): 135-164.

[113] Cootes T F, Taylor C J, Cooper D H, et al. Active Shape Models-Their Training and Application[J]. Computer Vision & Image Understanding, 1995, 61(1): 38-59.

[114] Xiu-Xiu X U, Liang J Z.Face Recognition Method Based on Gabor Wavelet and Supervised 2DNPE[J]. Journal of Chinese Computer Systems, 2015, 37(14): 68-67.

[115] Ji Z H, Yan S G. Properties of an improved Gabor wavelet transform and its applications to seismic signal processing and interpretation[J]. 应用地球物理（英文版）, 2017, 14(4): 529-542.

[116] Huang P, Mao T, Yu Q, et al. Classification of water contamination developed by 2-D Gabor wavelet analysis and support vector machine based on fluorescence spectroscopy[J]. Optics Express, 2019, 27(4): 5461-5477.

[117] Lyons M J, Budynek J. Automatic classification of single facial images[J]. IEEE Transactions on Pattern Analysis and Machine Intelligence, 1999, 21(12): 1357-1362.

[118] Sun Y, Yu J. Facial expression recognition by fusing gabor and local binary pattern features[C]. 23rd International Conference on Multimedia Modeling, Reykjavik, Iceland, 2017: 209-220.

[119] Almaev T R, Valstar M F. Local Gabor Binary Patterns from Three Orthogonal Planes for Automatic Facial Expression Recognition[C]// Affective Computing and Intelligent Interaction (ACII), 2013 Humaine Association Conference on. IEEE Computer Society, 2013: 356-361.

[120] Jiang P, Wan B, Wang Q, et al. Fast and Efficient Facial Expression Recognition Using a Gabor Convolutional Network[J]. IEEE Signal Processing Letters, 2020, 27: 1954-1958.

[121] Truk A. Face Recognition Using Eigenfaces[J]. Computer Vision and Pattern Recognition, 1991: 586-591.

[122] Donato G, Bartlett M S. Classifying facial actions[J]. IEEE Transactions on Pattern Analysis and Machine Intelligence, 1999, 21(10): 974-989.

[123] A A J C, B A M B, B P M, et al. A principal component analysis of facial expressions - ScienceDirect[J]. Vision Research, 2001, 41(9): 1179-1208.

[124] Niu Z, Qiu X. Facial expression recognition based on weighted principal component analysis and support vector machines[J]. IEEE, 2010, 3: 174-178.

[125] Havran C, Hupet L, Czyz J, et al. Independent Component Analysis For Face Authentication[C]. KES' 2002 proceedings-Knowledge Based Intelligent Information and Engineering Systems, Crema(Italy), 2002: 1207-1211.

[126] 周书仁, 梁昔明, 朱灿, 等. 基于 ICA 与 HMM 的表情识别 [J]. 中国图象图形学报, 2008, 13 (12): 2321-2328.

[127] Belhumeur P N. Eigenfaces vs. Fisherfaces: Recognition Using Calss Specific Linear Projection[J]. IEEE Trans. Pattern Analysis and Machine Intelligence, 1997, 19: 46-58.

[128] Xiang J, Zhu G. Joint Face Detection and Facial Expression Recognition with MTCNN[C]// International Conference on Information Science & Control Engineering. IEEE Computer Society, 2017: 424-427.

[129] Chen J, Lv Y, Xu R, et al. Automatic social signal analysis: Facial expression recognition using difference convolution neural network[J]. Journal of Parallel and Distributed Computing, 2019, 131: 97-102.

[130] Lee J, Wong A. TimeConvNets: A Deep Time Windowed Convolution Neural Network Design for Real-time Video Facial Expression Recognition[C]// 2020 17th Conference on Computer and Robot Vision (CRV). 2020: 9-16.

[131] Abdolrashidi A. Deep-emotion: facial expression recognition using attentional convolutional network[J]. Sensors, 2021, 21: 3046.

[132] Xia Z, Hong X, Gao X, Feng X, Zhao G. Spatiotemporal recurrent convolutional networks for recognizing spontaneous micro-expressions.IEEE Transactions on Multimedia, 2020, 22 (3): 626–640.

[133] Gan C, Xiao J, Wang Z, Zhang Z, Zhu Q. Facial expression recognition using densely connected convolutional neural network and hierarchical spatial attention[J]. Image and Vision

Computing, 2022, 117: 104342.

[134] Lazarus R S. Emotion and Adaption. 1991.

[135] Scherer K R. Emotions as episodes of subsystem synchronization driven by nonlinear appraisal processes[M]. 2000.

[136] Murphy F C, Nimmo-Smith I, Lawrence A D. Functional neuroanatomy of emotions: A meta-analysis[J]. Cogn Affect Behav Neurosci, 2003, 3(3): 207-233.

[137] Rashid M, Zimring C. A Review of the Empirical Literature on the Relationships Between Indoor Environment and Stress in Health Care and Office Settings Problems and Prospects of Sharing Evidence[J]. Environment & Behavior, 2008, 40(2): 151-190.

[138] 管宏宇. 基于脑电的声、光、热复合环境对人体舒适度交互作用规律研究 [D]. 青岛：青岛理工大学, 2020.

[139] Serghides, D. K, Katafygiotou, et al. Bioclimatic chart analysis in three climate zones in Cyprus[J]. Indoor and built environment: Journal of the International Society of the Built Environment, 2015, 24(6): 746-760.

[140] Quang T N, He C, Knibbs L D, et al. Co-optimisation of indoor environmental quality and energy consumption within urban office buildings[J]. Energy and Buildings, 2014, 85: 225-234.

[141] Dear R, Akimoto T, Arens E A, et al. Progress in thermal comfort research over the last 20 years[J]. Indoor Air, 2013, 23 (6): 442-461.

[142] Cui W, Cao G, Park J H, et al. Influence of indoor air temperature on human thermal comfort, motivation and performance[J]. Building and Environment, 2013, 68(10):

114-122.

[143] Li G, Liu C, He Y. The effect of thermal discomfort on human well-being, psychological response and performance[J]. Science and Technology for the Built Environment, 2021, 27(36): 1-11.

[144] Wyon D P. The effects of indoor air quality on performance and productivity[J]. Indoor Air, 2010, 14(s7): 92-101.

[145] Hutter H P, Moshammer H, Wallner P, et al. Indoor air pollutants in elementary schools in Austria: Is there an impact on the lung-function of schoolchildren? [C]// Indoor air quality in different living settings: Results of investigations and consequences in terms of decision making (Brussels, Belgium, 18 Oct. 2010). 2010.

[146] Dautel P J, Whitehead L, Tortolero S, et al. Asthma Triggers in the Elementary School Environment: A Pilot Study[J]. Journal of Asthma Research, 1999, 36(8): 691-702.

[147] Godwin C, Batterman S. Indoor air quality in Michigan schools [J]. Indoor Air, 2007, 17: 109-121.

[148] Janet I, Paul P, Judy O, et al. The relationship between buildings and health: a systematic review[J]. Journal of Public Health, 2019, 41(2): 121-132.

[149] Tham K W, Willem H C. Room air temperature effects occupants' physiology, perceptions and mental alertness [J]. Building and Environments, 2010, 45(1): 40-44.

[150] Santamouris M, Alevizos S M, Aslanoglou L, et al. Freezing the poor—Indoor environmental quality in low and very low income households during the winter period in Athens[J]. Energy

& Buildings, 2014, 70(2): 61-70.

[151] Choi Y, Kim M, Chun C. Measurement of occupants' stress based on electroencephalograms (EEG) in twelve combined environments[J]. Building and Environment, 2015, 88(6): 65-72.

[152] Beutel M E, Jünger C, Klein E, et al. Noise Annoyance Is Associated with Depression and Anxiety in the General Population- The Contribution of Aircraft Noise[J]. Journal of Psychosomatic Research, 2016, 11: 56-57.

[153] 刘伟伟. 单频突发性噪声烦恼度主观实验研究 [D]. 上海: 上海师范大学, 2010.

[154] A Tajadura-Jiménez, Larsson P, VäLjamäE A, et al. When room size matters: Acoustic influences on emotional responses to sounds [J]. Emotion, 2010, 10(3): 416-422.

[155] Asutay E, Vastfjall D, Tajadura-Jimenez A, et al. Emoacoustics: A Study of the Psychoacoustical and Psychological Dimensions of Emotional Sound Design[J]. Journal of the Audio Engineering Society, 2012, 60(1-2): 21-28.

[156] Axelsson S, Nilsson M E, Berglund B. A principal components model of soundscape perception[J]. The Journal of the Acoustical Society of America, 2010, 128(5): 2836-2846.

[157] Evans G W, Johnson D. Stress and open-office noise [J]. Journal of Applied Psychology, 2000, 85(5): 779-83.

[158] Vassie K, Richardson M. Effect of self-adjustable masking noise on open-plan office worker's concentration, task performance and attitudes[J]. Applied Acoustics, 2017, 119: 119-127.

[159] Niu R P, Chen X Y, Liu H. Analysis of the impact of a fresh

air system on the indoor environment in office buildings [J]. Sustainable Cities and Society, 2022, 83: 628-641.

[160] Yc A, Jss A, Jp A, et al. Inadequacy of air purifier for indoor air quality improvement in classrooms without external ventilation[J]. Building and Environment, 2021, 207(Part A): 108450.

[161] Yang D, Mak C M. Relationships between indoor environmental quality and environmental factors in university classrooms[J]. Building and Environment, 2020, 186: 107331.

[162] Smajlović S K, Kukec A, Dovjak M. The problem of indoor environmental quality at a general Slovenian hospital and its contribution to sick building syndrome[J]. Building and Environment, 2022, 214: 108908.

[163] Ht A, Jd A, Zl B. On-site measurement of indoor environment quality in a Chinese healthcare facility with a semi-closed hospital street - ScienceDirect[J]. Building and Environment, 2020, 173: 106637.

[164] Evans, Gary, W, et al. Chronic noise exposure and physiological response: A prospective study of children. [J]. Psychological Science(Wiley-Blackwell), 1998, 9(1): 75-75.

[165] Haines M M, Stansfeld S A, Soames J R, et al. A follow-up study of effects of chronic aircraft noise exposure on child stress responses and cognition[J]. International Journal of Epidemiology, 2001(4): 839-845.

[166] Landstroem U, Akerlund E, Kjellberg A, et al. Exposure levels, tonal components, and noise annoyance in working environments[J]. Environment International, 1995, 21(3):

265-275.

[167] Shield, Bridget, M, et al. The effects of environmental and classroom noise on the academic attainments of primary school children[J]. Journal of the Acoustical Society of America, 2008, 123(1): 133-144.

[168] Stansfeld S A, Berglund B, Clark C, et al. Aircraft and road traffic noise and children's cognition and health: a cross-national study [J]. Lancet, 2005, 365(9475): 1942-1949.

[169] Mcdermott J H, Chapter 10- Auditory Preferences and Aesthetics: Music, Voices, and Everyday Sounds [G]// Dolanr, Sharot T. Neuroscience of preference and choice. 2012 San Diego: 227-256.

[170] Largo-Wight, Erin, O'hara, et al. The Efficacy of a Brief Nature Sound Intervention on Muscle Tension, Pulse Rate, and Self-Reported Stress[J]. Health Environments Research & Design Journal (HERD)(Sage Publications, Ltd.), 2016, 10(1): 45-51.

[171] Ma H, Shu S. An Experimental Study: The Restorative Effect of Soundscape Elements in a Simulated Open-Plan Office[J]. Acta Acustica United with Acustica, 2018, 104(1): 106-115.

[172] Bradley M, Lang P. The International Affective Digitized Sounds: Affective Ratings of Sounds and Instruction Manual[J]. University of Florida, 2007(1): 29-46.

[173] Zhao W, Li H, Zhu X, et al. Effect of Birdsong Soundscape on Perceived Restorativeness in an Urban Park[J]. International Journal of Environmental Research and Public Health, 2020, 17(16): 5659.

[174] Ferraro D M, Miller Z D, Ferguson L A, et al. The phantom chorus: birdsong boosts human well-being in protected areas[J]. Proceedings of the Royal Society B: Biological Sciences, 2021, 288: 1943-1943.

[175] Fisher J C, Irvine K N, Bicknell J E, et al. Perceived Biodiversity, Sound, Naturalness and Safety Enhance the Restorative Quality and Wellbeing Benefits of Green and Blue Space in Neotropical City[J]. Science of the Total Environment, 2021, 755: 143095.

[176] Arnold M B. Emotion and personality[M]. Cassell and Co. Ltd, 1961.

[177] Mandal, Baran F. Nonverbal Communication in Humans [J]. Journal of Human Behavior in the Social Environment, 2014, 24 (4): 417-421.

[178] Blair R, Morris J S, Frith C D, et al. Dissociable neural responses to facial expressions of sadness and anger[J]. Brain, 1999, 122(5): 883-893.

[179] Marco, Tettamanti et al. Distinct pathways of neural coupling for different basic emotions[J]. Neuroimage, 2012, 59(2): 1804-1817.

[180] Ekman P, Friesen W V. Head and body cues in the judgment of emotion: a reformulation [J]. Perceptual & Motor Skills, 1967, 24(3): 711-724.

[181] Ekman P, Friesen W V. Facial action coding system: A technique for the measurement of facial movement[J]. Consulting Psychologists Press Palo Alto, 1978(2).

[182] 陈玉霏. 基于中医情志理论的悲喜情绪识别模式研究[D].广

州：广州中医药大学，2017.

[183] 郑以翔.夏热冬冷地区不同供暖需求模式下供暖系统综合评价[D].西安：西安建筑科技大学，2017.

[184] 端木琳，孙星维，李祥立，等.中国各地区人体热舒适与室内热环境参数的关系（续）[J].建筑科学，2018，34（12）：114-120.

[185] Liu W, Tian X, Yang D, et al. Evaluation of individual thermal sensation at raised indoor temperatures based on skin temperature[J]. Building and Environment, 2021, 188: 107486.

[186] 环境保护部，国家质量监督检验检疫总局.GB 22337-2008社会生活环境噪声排放标准[S].北京：中国环境科学出版社，2008.

[187] Møller H. Annoyance of Audible Infrasound[J]. Journal of Low Frequency Noise Vibration and Active Control, 1987, 6（1）：1-17.

[188] 施丽莉.低频噪声烦恼度实验室研究[D].杭州：浙江大学，2004.

[189] 周飞燕，金林鹏，董军.卷积神经网络研究综述[J].计算机学报，2017，40（6）：1229-1251.

[190] 何炎祥，孙松涛，牛菲菲，等.用于微博情感分析的一种情感语义增强的深度学习模型[J].计算机学报，2017，40（4）：773-790.

[191] Li J, Wu C, Song R, et al. Deep Hybrid 2-D-3-D CNN Based on Dual Second-Order Attention With Camera Spectral Sensitivity Prior for Spectral Super-Resolution[J]. IEEE Transactions on Neural Networks and Learning Systems, 2021: 3098767.

[192] Sun J, Zhao S, Yu Y, et al. Iris recognition based on local

circular Gabor filters and multi-scale convolution feature fusion network[J]. Multimedia Tools and Applications, 2022, 81: 33051-33065.

[193] Agrawal I, Kumar A, Swathi D G, et al. Emotion Recognition from Facial Expression using CNN[C]//2021 IEEE 9th Region 10 Humanitarian Technology Conference (R10-HTC). IEEE, 2021: 1-6.

[194] 孙月驰, 平伟, 徐明磊. 基于优化卷积神经网络结构的人体行为识别[J]. 计算机应用与软件, 2021, 38(2): 198-269.

[195] 沈艳军, 汪秉文. 激活函数可调的神经元网络的一种快速算法[J]. 中国科学 (技术科学), 2003, 33(8): 733-740.

[196] Marreiros A C, Daunizeau J, Kiebel S J, et al. Population dynamics: Variance and the sigmoid activation function[J]. Neuroimage, 2008, 42(1): 147-157.

[197] Panicker M, Babu C. Efficient FPGA Implementation of Sigmoid and Bipolar Sigmoid Activation Functions for Multilayer Perceptrons[J]. IOSR Journal of Engineering, 2012, 2(6): 1352-1356.

[198] Kalman B L, Kwasny S C. Why Tanh? Choosing a Sigmoidal Function[C]// Neural Networks, 1992. IJCNN. International Joint Conference on. IEEE Xplore, 1992: 578-581.

[199] Godin F, Degrave J, Dambre J, et al. Dual Rectified Linear Units (DReLUs): A Replacement for Tanh Activation Functions in Quasi-Recurrent Neural Networks[J]. Pattern Recognition Letters, 2018, 116(12): 8-14.

[200] Schmidt-Hieber J. Nonparametric regression using deep neural networks with ReLU activation function[J]. Mathematics, 2020,

48(4): 1916-1921.

[201] 李海彦. 基于仿射变换的多姿态人脸矫正与识别[D]. 苏州: 苏州大学, 2013.

[202] 周立俭, 马妍妍, 孙洁. 基于能量的自适应局部Gabor特征提取的人脸识别[J]. 计算机应用, 2013, 33(3): 700-703.

[203] 王娜, 王汇源. 基于环形对称Gabor变换和2DPCA的人脸识别算法[J]. 计算机工程与应用, 2015(16): 146-150.

[204] Singh I, Goyal G, Chandel A. AlexNet architecture based convolutional neural network for toxic comments classification [J/OL]. Journal of King Saud University - Computer and Information Sciences, 2022. https://doi.org/10.1016/j.jksuci.2022.06.007.

[205] Ak A, Topuz V, Midi I. otor imagery EEG signal classification using image processing technique over GoogLeNet deep learning algorithm for controlling the robot manipulator[J]. Biomedical Signal Processing and Control, 2022, 72(2): 1032951.1-103295.8.

[206] Kong L, Cheng J. lassification and detection of COVID-19 X-Ray images based on DenseNet and VGG16 feature fusion [J]. Biomedical Signal Processing and Control, 2022, 77(8): 103772.

[207] Nilanjan Dey, Yu-Dong Zhang, V. Rajinikanth, R. Pugalenthi, N. Sri Madhava Raja, Customized VGG19 Architecture for Pneumonia Detection in Chest X-Rays[J]. Pattern Recognition Letters, 2021, 143: 67-74.

[208] Hall D L, Llinas J. An introduction to multisensor data fusion[J]. Proceedings of the IEEE, 1997, 85(1): 6-23.

[209] Hall D L. Mathematical Techniques in Multisensor Data Fusion[M]. Artech House, 2004.

[210] 戎如意, 薛珮芸, 白静, 等. 双通道决策信息融合下的微表情识别[J/OL]. 西安电子科技大学学报. https://kns.cnki.net/kcms/detail/61.1076.TN.20220223.1627.018.html.

[211] Fanger P. O. Thermal Comfort. Robert E. Krieger Publishing Company, Malabar, FL, 1982.

[212] 周志华. 机器学习[M]. 北京: 清华大学出版社, 2016.

[213] 李文博. 面向汽车智能座舱的驾驶员情绪行为影响, 识别与调节方法研究[D]. 重庆: 重庆邮电大学, 2021.

[214] Elaine, Fox. Processing emotional facial expressions: The role of anxiety and awareness[J]. Cognitive Affective & Behavioral Neuroscience, 2002(2): 52-63.

[215] 范铭源. 图像模糊分类及无用模糊去除方法研究[D]. 天津: 天津大学, 2018.